机场道面微波除冰
理论及应用技术

白二雷 陆 松 许金余 著

国防工业出版社
·北京·

内 容 简 介

本书以提升机场道面冬季除冰性能这一实际需要为主题，基于对混凝土材料磁-热特性与微波除冰机理的分析，提出了机场道面微波除冰的应用技术。本书分为机场道面微波除冰基础理论、机场道面微波除冰试验分析和机场道面微波除冰技术应用推广3篇。其中，基础理论篇包括冬季机场道面除冰综述、电磁波传播理论、微波除冰磁-热耦合理论和冬季机场道面微波除冰机理4章；试验分析篇包括机场道面混凝土配合比设计、试验方案与微波除冰效率、机场道面混凝土电磁特性和机场道面混凝土微波除冰性能4章；应用推广篇包括机场道面混凝土力学性能、微波除冰效率影响因素分析和微波除冰技术现场应用3章。

本书适合从事道路除冰作业技术研究、混凝土吸波特性研究的技术人员，以及相关专业的大专、高等院校师生学习参考。

图书在版编目（CIP）数据

机场道面微波除冰理论及应用技术/白二雷，陆松，许金余著. —北京：国防工业出版社，2023.1
ISBN 978-7-118-12667-9

Ⅰ. ①机… Ⅱ. ①白… ②陆… ③许… Ⅲ. ①微波技术-应用-飞机跑道-冬季养护-研究 Ⅳ. ①V351.11

中国版本图书馆 CIP 数据核字（2022）第 195695 号

※

国防工业出版社出版发行
（北京市海淀区紫竹院南路23号 邮政编码100048）
天津嘉恒印务有限公司印刷
新华书店经售

*

开本 710×1000　1/16　插页 2　印张 11¾　字数 210 千字
2023 年 1 月第 1 版第 1 次印刷　印数 1—1500 册　定价 99.00 元

（本书如有印装错误，我社负责调换）

国防书店：（010）88540777　　书店传真：（010）88540776
发行业务：（010）88540717　　发行传真：（010）88540762

前 言

我国寒冷地区分布范围广、低温持续时间长，尤其对于北方部分地区和一些高海拔地区，气温长年处于0℃以下。在长期低温的作用下，其机场跑道、高速公路、市区道路等道面上残留雨水易凝结成冰层，降低面层摩擦系数，使飞机、汽车等交通工具的制动距离增长，在制动过程中甚至可能会引发侧滑现象，引起交通事故。因此，必须采取有效措施清除机场跑道、高速公路等道面上的积冰。

目前，在机场跑道、高速公路、市区道路等道面上开展除冰作业主要采用人工法、机械法、化学法等传统除冰方法，但是这些除冰方法除冰效率较低，冰层清除不够彻底，并且还会对道面结构产生一定损伤。同时，有些机场采用热吹法进行道面除冰，通过改装后的飞机发动机吹出高温气流融化冰层，这种除冰方法除冰效率较高，但也存在一些问题，如高温气流对道面伤害大、能源利用率低、环境污染严重等。因此，为解决现有冬季道路除冰作业中存在的问题，更加有效保障交通运输安全，有必要研发一种除冰效率高、绿化环保、对道路损伤小的新型除冰方法，保障交通运输安全，尤其是飞机的起降安全。

本书以机场道面基体材料——混凝土为主要对象，通过分析混凝土材料的磁-热特性与微波除冰机理，提出一类在机场混凝土道面除冰作业中应用的微波除冰方法。该类除冰方法是利用微波加热特性使道面温度升高，进而使冰层与道面接触层融化，使冰层与道面分离，再通过其他机械作用将分离冰层破碎并清除。相对于传统除冰方法，微波除冰方法具有较多优点，例如冰层除净率高，微波加热道面后，冰层与道面完全分离，清除冰层后不会残留冰碴；厚冰清除效率高，冰层几乎不吸收微波，微波能够透过冰层加热路面，冰层厚度对微波除冰效率影响较小；绿化环保，微波属于绿色能源，对路面几乎没有损伤，微波作用后不会像化学除冰法那样污染环境，也不会像机械法那样损伤道面结构。因此，微波除冰方法在道路除冰作业中具有较好的应用前景。

本书以保障冬季道路运输安全为根本目标，紧密结合道路冬季除冰实际需要，针对传统除冰方法在使用过程中存在的问题，围绕混凝土类材料的磁-热特性及微波除冰技术的应用推广展开系统研究。本书主要揭示微波除冰技术的作用机理，确定微波除冰效率的评价指标，分析影响微波除冰效率的关键因素，寻求提升微波除冰效率的有效途径。在此基础上，以机场道面混凝土类材料为主要分析对象，分别将磁铁矿碎石、石墨/铁黑和碳纤维等吸波材料掺入混凝土中制备不同类型混凝土，采用理论分析、仿真研究、室内试验和现场试验相结合的研究手段，系统分析不同类型混凝土的力学性能、吸波特性和微波除冰效果，并初步探索微波除冰方法在机场道面冬季除冰作业中的应用技术。

  本书主要成果可为军民机场道面冬季除冰作业提供可靠的理论及技术支持，可有效解决传统除冰方法在使用过程中存在的环境污染、道面损伤、除冰效率等问题，提升机场道面通航能力，保障飞机起降安全。同时，该技术成果可推广应用到高速公路、桥梁隧道等领域，具有十分重要的军事效益、经济效益和社会效益。

编著者

2022 年 7 月

目 录

第一篇 机场道面微波除冰基础理论

第1章 机场道面除冰综述 · 2
- 1.1 背景及意义 · 2
- 1.2 国内外现状 · 4
- 1.3 目前存在的问题 · 18
- 1.4 本书主要内容 · 19

第2章 电磁波传播理论 · 21
- 2.1 电磁波传播特性 · 21
- 2.2 电磁波的反射和透射 · 25
- 2.3 小结 · 31

第3章 微波除冰磁-热耦合理论 · 32
- 3.1 磁-热耦合理论模型 · 32
- 3.2 磁-热耦合仿真模型 · 36
- 3.3 小结 · 40

第4章 机场道面微波除冰机理 · 41
- 4.1 冰层特性 · 41
- 4.2 微波加热特性 · 44
- 4.3 微波除冰原理 · 47
- 4.4 小结 · 48

第二篇 机场道面微波除冰试验分析

第5章 机场道面混凝土配合比设计 · 50
- 5.1 机场道面混凝土原材料 · 50
- 5.2 机场道面混凝土配比设计 · 56
- 5.3 搅拌及成型工艺 · 59
- 5.4 小结 · 61

第 6 章 试验方案与微波除冰效率 … 62
  6.1 试验方案 … 62
  6.2 微波除冰效率研究 … 69
  6.3 小结 … 75

第 7 章 机场道面混凝土电磁特性 … 76
  7.1 混凝土基体材料电磁性能 … 76
  7.2 磁铁矿骨料混凝土电磁性能 … 81
  7.3 粉体吸波剂改性混凝土电磁性能 … 89
  7.4 碳纤维改性混凝土电磁性能分析 … 97
  7.5 小结 … 103

第 8 章 机场道面混凝土微波除冰性能 … 104
  8.1 磁铁矿骨料混凝土微波除冰性能 … 104
  8.2 粉体吸波剂改性混凝土微波除冰性能 … 114
  8.3 碳纤维改性混凝土微波除冰性能 … 124
  8.4 小结 … 133

第三篇 机场道面微波除冰技术应用推广

第 9 章 机场道面混凝土力学性能 … 136
  9.1 磁铁矿骨料混凝土 … 136
  9.2 粉体吸波剂改性混凝土 … 139
  9.3 碳纤维改性混凝土 … 143
  9.4 小结 … 145

第 10 章 微波除冰效率影响因素分析 … 146
  10.1 微波场因素影响 … 146
  10.2 环境因素影响 … 156
  10.3 小结 … 160

第 11 章 微波除冰技术现场应用 … 162
  11.1 微波除冰系统初步设计 … 162
  11.2 现场试验 … 169
  11.3 小结 … 176

参考文献 … 178

第一篇

机场道面微波除冰基础理论

第1章 机场道面除冰综述

一直以来，道面结冰是引起道路交通安全事故的重要因素之一，尤其是对于飞机滑跑、汽车制动等运行速度较快、对道面性能要求较高的交通过程。因此，为减少道面结冰对道路交通安全的影响，必须有效清除道面积冰。经过长期的探索，人们提出了多种不同类别的除冰方法，为减少道面结冰对交通安全的影响提供了有效保障，但是随着国民经济和国防工业的发展，对道面性能提出了更高要求，传统的除冰方法将会很难满足现实要求。

本章通过分析道路交通领域中道面除冰背景及意义，论述道面除冰作业的国内外研究现状，针对传统除冰方法、微波除冰方法和水泥基复合吸波材料等相关研究进行现状分析，并提出目前道面除冰作业中存在的关键问题。基于此，本章针对微波除冰理论及其在机场道面除冰中的应用，综述本书的主要内容。

1.1 背景及意义

1.1.1 道面结冰危害

我国地域辽阔，气象条件复杂，其中寒冷地区分布范围广，低温持续时间长，北方一些地区长时间处于冬季，一些高海拔地区也是长年处于冰冻期。随着我国经济的快速发展，高速公路、机场跑道等交通运输工程在这些高寒地区分布越来越广泛，由于长年受低温影响，其道面上残留的雨水易凝结成冰层，严重降低道面摩擦系数，致使飞机、汽车等交通工具的制动距离大幅增加，在制动过程中甚至会引起侧滑现象，极易引发交通安全事故，造成人民生命和财产的损失，危害国民经济发展。据统计[1-2]，冬季交通安全事故中的35%是由冬季道路冰雪引起的。车辆在结冰道路上的行驶速度会下降2/3，严重降低交通效率。进入21世纪，全球极端气候频繁出现，2008年，我国南方多省遭遇罕见持续低温雨雪天气，直接经济损失达537.9亿元人民币。

冬季道路结冰不仅会影响国家经济发展，对军事训练工作和国防工程建设也会产生一定影响。随着我国新时期军事战略发展，以及一些国家敌对势力的挑衅，一些高海拔高寒地区逐渐成为军事战略发展的重点区域。比如，我国中印边境地区，地处于青藏高原，平均海拔4500m，长年冰雪覆盖；还有我国东北大部分地区，一年中有近一半的时间气温低于0℃。对于这些高寒地区的军事设施工程，尤其是军用机场跑道、滑行道等，其道面上残留雨水凝结成冰层后，极易引发飞机冲出跑道或偏离跑道的安全事故，从而影响部队飞行训练安全，制约军队战斗力生成。

因此，如何快速有效地清除机场道面积冰具有重要的军事、经济和社会意义。

1.1.2 新型除冰方法特点

关于在机场道面、高速公路、市区道路等交通运输工程中开展道面除冰作业的方法，按照除冰原理的不同，可将它们分为三类[3-5]：清除法、融化法和抑制法。清除法是指利用人工或操作机械进行除冰的方法，融化法是通过物理过程或化学作用使冰层融化进行除冰的方法，抑制法通过道路与交通工具之间的相互作用产生自应力破碎冰层进行除冰的方法。这些除冰方法在实际使用中发挥了一定作用，并各自具有优缺点。另外，根据机场作业环境的特点，一些机场采用高温融化法进行道面除冰，利用废旧飞机发动机改装的吹雪车喷出高温气流融化冰层。这类除冰方法在机场道面中除冰效率较高，但也存在一些问题。例如，高温气流对道面伤害大、能源利用率低、环境污染严重等，同时机场道面长期在高温作用下容易发生表层脱落现象，表层松动的碎石容易被飞机发动机吸入，严重影响飞行安全。因此，为适应未来机场、高速公路、市区道路等交通运输的发展需要，提升其保障性能，研发一种新型除冰方法势在必行。

新型除冰方法需要满足以下几方面的要求。

（1）除冰效率高。较高的除冰效率是除冰作业的基本要求，只有满足相应除冰效率要求，才能适应冬季道面除冰作业需求，满足交通运输的发展需要，确保飞机、汽车等交通运输工具的安全运行。另外，在军用机场中高效的除冰作业能够为战机安全迅速升空作战提供基本保障。

（2）绿化环保好。随着经济社会的快速发展，环境问题日益严峻，在科学技术发展的同时必须兼顾生态环境保护。近年来，环保问题受到各级部门的重视，在进行道路除冰作业时必须将环保问题放在重要位置。

（3）道面损伤小。除冰作业的目的是将道面积冰进行有效清除，提升机场道面、高速公路、市区道路等交通工程的保障性能，确保飞机、汽车等交通工具的安全性。因此，在采用新型除冰方法进行除冰作业时不能损坏道面结构，影响道面的使用性能，尤其是对于机场道面，不能威胁飞机的飞行安全。

总而言之，研发一种高效快捷、绿色环保、无附带损伤的新型除冰方法，研究作用原理，分析使用特点，掌握应用技术，从而有效清除机场道面积冰，对于保障机场、高速公路、市区路面等道路交通安全，尤其是对于机场飞行安全，具有十分重要的意义。

1.1.3 机场道面微波除冰

微波除冰方法是利用微波加热技术使道面温度升高，使冰层与道面接触层融化，从而使冰层与道面分离，再通过其他机械作用将分离冰层破碎并清除。

相对于传统除冰方法，微波除冰方法具有如下优点。

（1）冰层除净率高。微波加热道面后，冰层与道面完全分离，清除冰层后不会残留冰碴。

（2）厚冰清除效率高。冰层几乎不吸收微波，微波能够透过冰层加热道面，冰层厚度对微波除冰效率影响较小。

（3）绿色环保。微波属于绿色能源，对道面几乎没有伤害，微波作用后不会同化学除冰法那样污染环境，也不会同机械法那样损伤道面。

因此，微波除冰方法能够适应未来道路交通的发展要求，也能较好满足新型除冰方法的发展需求，在机场、公路、道路等道面除冰作业具有较好的应用前景。

1.2 国内外现状

1.2.1 传统除冰方法

传统除冰方法主要包括清除法、融化法和抑制法，这些方法在实际工程中都有应用，下面分别介绍这些除冰方法的应用和发展现状。

1. 清除法

清除法可分为人工清除法和机械清除法。

人工清除法是最原始的，也是最灵活的除冰方法，主要依靠人体手工劳动，采用除冰铲、铁锹以及洋镐等工具将路面积冰凿除。如图1-1所示，2013年1月5日，岳阳市普降大雪，长时间低温使得桥面结冰，交通拥堵，为了尽快疏导交通，武警岳阳支队紧急出动百余官兵，集中清除城市主干道路上的积冰[6]。随着科学技术的发展，越来越多机械除冰设备应用于除冰作业中，并且人工除冰法需要较多人力参与且除冰效率较低，因而大部分情况下机械作业取代了人工除冰作业。目前，人工除冰法主要作为其他除冰方法的辅助性工作，或在机械除冰设备不便展开的情况下采用，这类除冰法不需要专门进行研究，其除冰效率主要在于人员的组织效率。

图 1-1　人工清除法

机械清除法是指采用特制的除冰车，通过机械作用（铲、剁、压）将路面上的冰层清除，一般情况下其除冰效率较人工法高，适用于宽敞环境除冰作业。2008 年，湖南发生罕见的冰冻灾害，国家相关部门调动了大批人员进行道路除冰，但是人工除冰效率太低，因而在除冰过程中又调用了刮平机、推土机等机械设备，部分路段甚至调用了坦克、射流车等进行辅助除冰[7]。如图 1-2 所示，坦克在高速公路上碾压冰层，从而快速除冰。机械法除冰效率主要与除冰雪设备的工作性能和技术水平有关，对机械法除冰效率的研究主要侧重于对高性能除冰雪设备技术性能的研究。

图 1-2　坦克在高速公路上碾压冰层

近年来，随着科学技术的快速发展，除雪技术已经比较成熟，设备主要以清扫器、螺旋式抛雪机和铲式除雪机为主[8-10]。相对于浮雪清除设备，道路积雪坚冰清除设备还比较落后，现有积雪坚冰清除设备按工作原理和结构可分为铲式、振动式、铲剁式、静态滚压式等。铲式除雪机的关键部位是除雪铲，这种除雪机对于浮雪、厚度较大的压实雪除雪效率较高，但是对于薄冰的清除效率不高。振动式除冰车应用比较广泛，主要是通过偏心轮的转动产生离心力，带动偏心轮上的凸块挤压冰层，使冰层破碎。铲剁式除冰车主要是通过曲轴旋转带动铲刀上下运动，凿开冰层，使冰层破碎。静态滚压式除冰车依靠滚压轮本身的重量将冰层压碎。

国外机械法除冰技术相对较高[11]。日本生产的高速行走旋切式除雪机，除雪速度最高可达70km/h，但是对坚冰积雪的清除效果较差。2005年，相关学者在多功能除雪车上配置刮雪刀来清除压实冰雪层，但是该设备的地面仿形能力较差，对路面的破坏也比较严重。另外，相关学者对除雪车的刮雪刀进行了改进，采用430mm的平地铲，根据冰雪特性设计了压力信号自动检测系统，可有效控制雪铲的力度和方向，大大提高了设备的除冰雪能力，但是该设备操作比较麻烦，效率较低。其他比较著名的除雪机生产厂家还有美国的思诺威国际有限公司、凯斯公司和山猫公司，德国的凯驰公司，英国的施密特公司等。

国内除冰雪设备的研究相对较晚，研究单位主要集中在我国北方寒冷地区[12-14]。2001年，李乔非等对直线切削式除雪机进行了研究，设计制作了JD-ShX 3200型除雪机。2005年，邓洪超等专门针对道路压实冰雪设计制作了碾压多功能除雪车。2014年，翁晓星分析了传统除雪机不足，并在此基础上开发研究了一种新型旋转式除雪机。2015年，郑传彬对振动除雪铲的结构进行了优化设计，并分析了优化后振动除雪铲的相关特性。近年来国内科研单位也研发了一些技术比较成熟的除冰雪机械，如吉林工业大学研制的CX-30型除雪机、哈尔滨林业机械研究所研制的CBX-216型综合破冰除雪机、吉林交通科学研究所研制的CB-1600型吹雪机、吉林工业大学与吉林省公路机械厂联合研制CB1500型压实冰雪清除机、徐工生产的ZL50G型滚轮式振动除冰装载机等。

由此可见，人工清除法比较灵活，反应快，不受道路条件限制，随时随地可组织人员进行除冰，但是人工法效率较低，需要耗费大量人力财力，工作量大、劳动强度高，通常仅适用于局部地区紧急的除冰雪作业，对于一些坚硬冰层，人工法也难以清除干净。机械清除法可快速清除道路冰层，除冰雪效率较高，而且利用除冰车的机械作用进行除冰，人体劳动强度较低，但是机械清除法冰层除净率较低，尤其是对于薄冰层，单纯依靠机械作用，对道面产生的附带损伤较大。

2. 融化法

冰层与道面之间由于冻粘作用形成很强的冻粘力，使冰层难以清除[15]。融化法就是通过化学反应或者物理作用使冰层与道面之间的冻粘力降低甚至消除，使冰层与道面脱离，从而有效清除道面积冰。根据工作原理不同，融化法可分为化学法和物理法。

1) 化学法

化学法是通过化学作用融化道面冰层,通常情况下是在道面上抛撒融雪剂,融雪剂与冰层接触后,冰层冰点降低,冰层融化。以氯化钠为例,10%的氯化钠溶液可使冰点减低到-6℃左右,当浓度为20%时冰层冰点降低到-16℃左右,在100g的冰中加入33g氯化钠可使冰的冰点降低到-21℃[16]。图1-3为工作车辆喷洒融雪剂的现场情况。融雪剂可分为盐类、醇类和混合类。其中,盐类融雪剂来源广泛,价格低廉,融雪效果也比较好,但是该类融雪剂对生态环境和道面使用寿命具有较大的危害,污染环境,影响植物生长,锈蚀钢筋,降低道面的使用寿命。如图1-4所示,机场道面在使用融雪剂进行除冰后,机场道面很快出现了腐蚀破坏,多处表面发生了"脱皮"现象,为此,部分地区已经禁止使用这些具有腐蚀作用的融雪剂。醇类融雪剂对环境污染比较小,但是价格比较高,而且除冰效果也没有盐类融雪剂好,主要应用于机场、高速公路、桥梁等重要场所。混合类融雪剂是将氯盐和非氯盐融雪剂混合,这类融雪剂可中和盐类和醇类融雪剂的缺点,既降低对环境的危害,又将融雪剂成本控制在合理的范围内,但是该类融雪剂的除冰效果还有待提升。

图 1-3　高速上撒融雪剂　　　　图 1-4　融雪剂对机场道面的腐蚀破坏

国外道路融雪剂的研究开始于20世纪30年代,在随后一定时期内,随着世界经济的高速发展,道路融雪剂的发展也取得了一定进步[17-19]。日本相关研究人员曾以石灰石、盐酸和硫酸镁为主要原料制备的融雪剂,融雪效率高,对植物无危害,并且对麦类等植物还具有一定的肥效作用。美国交通部研制的醋酸钙系列融雪剂,环保无污染,对道面耐久性影响较小,但是该类融雪剂的价格比较高。此后,国外相关学者对醋酸钙系列融雪剂进行二次开发,提出了限制镁含量的醋酸钙系列融雪剂,为改型融雪剂的推广应用奠定了坚实基础。

国内道路融雪剂的研究起步比较晚，20 世纪 70 年代在北京首次使用氯盐融雪剂，由于氯盐融雪剂存储方便、价格低廉、除冰效果较好，在道路除冰作业中应用比较广泛。但是，氯盐融雪剂的大量使用也带来了许多环境问题和道面耐久性问题，因此，我国从 20 世纪 80 年代开始研究新型环保型融雪剂[20-23]。北京铁路局科研所从 1980 年开始研究经济高效的融雪剂，并在 1983 年成功研制了 Ri-9 型防冻化学融雪剂，该融雪剂在实际应用中取得了较好的效果。2011 年，栾国颜制备了一种低成本环保型融雪剂，使用的主要原料为秸秆灰和醋酸废液，为环保型融雪剂的发展奠定了基础。2016 年，韩永萍等发明了一种环保型融雪剂，该融雪剂遇到冰雪时会发生溶解反应，并放出热量将冰雪融化，而且还含有对植物生长有利的营养元素，对建筑设施的影响也比较小，因此对周边环境十分友好，极易推广应用，进一步推动了环保型融雪剂的发展。近年来，研究的环保型融雪剂主要有醋酸钙融雪剂、木醋液制环保型融雪剂、CF-环保型融雪剂等。关于融雪剂对道面和环境影响的相关研究也比较多。2000 年，王久良通过试验验证了融雪剂对混凝土耐久性存在一定破坏作用。2002 年，刘培栋对近几年太原高速公路使用融雪剂的除冰雪效果，以及融雪剂对道面的影响进行了分析。2006 年，赵莹莹研究了融雪剂的融雪机理，同时分析了融雪剂对路面材料、植物、水体和大气等周围环境的影响，结果表明融雪剂对环境的影响只能降低而无法彻底清除，同时针对融雪剂对周围环境的危害进行了评估。2010 年，傅广文等以 NaCl、$CaCl_2$ 和 NC 三种融雪剂为例，分析了不同类型融雪剂对沥青混合料的影响，并根据研究结果，对道路融雪剂的使用提出合理建议。2015 年，易卉分别以碳酰胺、G 和 M 为主原料制备了三类碳酰胺融雪剂①，通过对这三类融雪剂的环境适应性能、除冰雪效果和腐蚀破坏性能进行了分析，对融雪剂的综合性能进行了评价。

2）物理法

物理法是指通过增设外部装置的物理过程融化冰层进行道面除冰的方法，通常情况下将外置热源产生的热量传递给道面冰层，冰层吸收热量后融化。一般用来产生热量的热源有燃气、热水、电能、太阳能、地热能、高温气流等。图 1-5 给出了利用飞机发动机产生的高温气流融化道面冰层的除冰方法，将两架歼 5 飞机发动机改装成除冰车，发动机在全速转动时会在排气口产生高温气流，这部分高温气体吹向道面后能将冰层瞬间融化，甚至将道面烘干，这种除冰方法虽然除冰效率较高，但是能耗特别高，根据调研结果显示每小时耗油量在 2t 左右。导电混凝土融雪法是利用电能融化道面冰层的除冰方法，在混凝

---

① G 和 M 为论文中介绍的未公布成分的两种原料。

土内部添加导电掺合料，通电后会在混凝土内部会产生一定热量，这部分热量会通过热传导方式传递给冰层，冰层吸收热量后逐渐融化，导电混凝土的除冰雪效果，如图 1-6 所示。热力融雪法和导电路面融雪法操作简单，可随时加热路面，不影响道路的畅通，但是它们建造成本较高，后期维护费用也比较大，能量利用率较低，产生的热量只有一部分传递给冰层。

图 1-5 歼 5 战斗机引擎融冰车

图 1-6 导电混凝土道路除冰

国外物理融雪技术主要应用在美国、日本、北欧地区等一些发达国家[24-25]。在这些国家和地区有一大批试验示范工程，如美国橡树岭高速公路和夏延市高速公路的两处坡道路段竖直重力式热管融雪系统、瑞士 AS 高速公路的 SERSO 热融雪试验，以及日本的劲力能源（Gaia）工程等。地热资源是早期融冰雪技术应用最多的热源。1948 年，克拉马斯福尔斯市首次修建了一段以地热为热源的除冰道路，这条道路仅在 1998 年对地热管道进行更换外，至今为止一直运转良好。美国俄勒冈州理工学院地热中心对道路热融技术进行了一定研究，并在美国橡树岭高速公路和夏延市高速公路的两处坡道路段建立了试验段。1994年，瑞士在AS高速公路安装了SERSO蓄能融雪系统。该融雪系统不仅实现了道面除冰雪的功能，而且将夏季道面温度峰值降低了15~20℃，冬季道面温度升高了10℃左右，大大提高了道路的使用寿命。1995年，日本采用全球首个集热循环蓄能系统建立了Gaia工程，经过十几年的运转，与电缆加热除冰方法相比节约了20%的能量。

国内物理融冰雪技术的研究主要集中在数值计算和模拟分析上[26-28]。1987年，杜绍安分析了寒区道路冰雪的危害性，介绍了国外先进的除冰雪技术，为我国道路除冰雪技术的发展奠定了基础。1997年，高一平提出了利用太阳能进行道面除冰雪的技术，并给出了一些简单的太阳能除冰雪技术计算的参数，但是并没有对此进行深入分析，随后几年内，其团队在地热能利用、地下蓄能技术以及地下传热方面展开了相关探索工作。2002年，候作富等对导电混凝土除冰雪系统输入功率进行了有限元计算，得到了经济合理的除冰最小输入功率。2002年，陈光等采用数值模拟的方法研究了红外融雪除冰技术。2004年，李丹等研究了钢纤维石墨导电混凝土的除冰性能，并通过实验分析了温度与功率消耗的关系。2005年，武海琴等对发热电缆融雪化冰系统的设计、施工及运行进行了一定研究，并分析了其工作性能。2011年，张军等对地热道路融雪系统进行了一定研究，以热管技术为基础，对地热热管道路融雪系统进行了设计，通过建立热管对流换热系数计算物理模型，模拟了土壤30天的温度场变化，对土壤和热管的对流换热过程进行了深入分析。2014年，岳福青总结分析了公路融雪除冰技术的研究现状与发展，并提出了采用信息技术对道路冰雪灾害的检测和预警。

综上所述，化学融化法操作简单，效率较高，实际应用中最为广泛，但是融雪剂的使用对环保和道面性能的破坏较大。融雪剂融化冰层后形成的冰水流入到道路两旁的植被和渗透到地下水中，破坏植被的生长和污染地下水，同时渗入到道面内部会破坏材料内部结构和降低材料强度。近年来，虽然环保型融雪剂研究比较多，但是真正能满足环保性要求的比较少，并且此类融雪剂的价格一般比较高，除冰雪效果也有待提升。物理融化法中最简单的是在路面上撒布砂石料，该方法成本较低，操作简单，但是除冰效率较低，冰层融化后残留下的砂石易引起车轮打滑，对道路交通安全影响较大。热力融化法利用外置热源产生的热量可有效实现道面除冰，但是建造外置热源的成本较高，后期维护费用也比较大。同时，除冰过程中能量利用率较低，产生的热量只有一部分传递给冰层。另外，导电混凝土中的导电骨料对混凝土强度和耐久性影响比较大。

3. 抑制法

抑制法就是通过在路面铺筑材料中掺入一定量的特殊材料，改变路面结构的变形特性，当车辆通过时会在路面内部产生自应力抑制路面结冰的除冰方法[29-32]。掺入的特殊材料通常是废旧橡胶轮胎，其掺入方式通常有两种：一种是橡胶粉改性沥青技术，即采用一定细度的橡胶粉，掺入沥青混合料中用以改善沥青性能；另一种是橡胶骨料改性沥青技术，即采用一定级配分布的橡胶颗粒，置换部分骨料形成沥青混合料。采用这类特殊沥青混合料铺筑的路面称为橡胶颗粒自应力路面，图 1-7 所示为橡胶颗粒自应力沥青路面铺装后的除冰效果。抑制法不仅提供了一种回收利用废旧橡胶轮胎的新途径，有利于保护环境，而且可有效解决道路的融雪化冰问题，实现主动除冰，是一种值得深入研究的新方法。

图 1-7　橡胶颗粒自应力沥青路面

早在 1846 年英国就有研究橡胶粉改性沥青及其混合料的专利[29]。20 世纪 60 年代，Charlcs H. McDonal 等首次采用湿拌法工艺生产了橡胶粉改性沥青混合料，并获得了专利。1991 年，美国国会通过的路上综合运输经济方案中要求各州必须充分利用废旧轮胎橡胶颗粒或橡胶粉修建沥青混凝土。南非在橡胶路面研究中拥有一整套完整技术，其研究主要集中在沥青橡胶粉改性沥青上。20 世纪 60 年代，瑞典首次采用干拌法工艺生产橡胶粉改性沥青混合料，并申请了专利，这种方法被称为干法（PlusRide 法），将橡胶粉直接加入到沥青混合料中充分搅拌，橡胶粉与沥青发生反应，从而达到改善沥青性能的目的。总的来说，橡胶粉改性沥青及其混合料技术，无论是湿法还是干法，都是橡胶粉与沥青发生反应改善沥青性能，从而改善混合料性能。

国外从 20 世纪 80 年代开始研究橡胶沥青混合料技术，各国关于该项技术的研究差异性较大，其中，美国起步时间较早。Heitzman 研究了橡胶骨料改性沥青技术，以粒径为 0.85~6.4mm 的橡胶颗粒作为骨料置换部分石料掺入沥青混合料中，用于铺筑道路磨耗层[33]。Van Kirk 等研究了在密级配沥青混合料中掺入橡胶颗粒，用以置换部分细集料的沥青混合料改性技术，并在纽约州、安大略州和佛罗里达州等修筑了试验路段，研究该类沥青混合料技术的路用性能。美国工程兵寒冷地区工程实验室（The U.S. Army Corps of Engineers Cold Regions Research Engineering Laboratory，CRREL）对橡胶颗粒沥青路面的除冰性能进行了研究，结果表明道路的除冰效果随橡胶颗粒掺量的增大而更加明显，但是未能解决好橡胶颗粒在道路中的耐久性等问题，研究仅限于室内试验阶段。日本也进行了橡胶颗粒沥青路面除冰的相关研究，其橡胶颗粒的掺入方式称为"后掺法"，即将粒径为 5cm 具有一定形状的橡胶颗粒铺撒在刚完工的沥青路面上，再通过压路机将其压入路面中，完工形成的路面上会露出一部分橡胶颗粒，这部分橡胶颗粒在车辆通过时会发生弹性变形破碎道路冰层，此外，该部分橡胶颗粒还会增大道路的摩擦系数，提升道路行车安全，1998 年日本在东京—长野高速上修建了采用该项技术的道路试验段，结果表明该项技术可有效清除道路积冰，但是路面橡胶颗粒长期在车辆荷载作用下比较容易发生松散、脱落，影响道路的使用性能和耐久性能。

国内早在 20 世纪 70 年代就开始了橡胶粉改性沥青的研究，并在江西、四川等修筑了试验段。2000 年，刘晓鸿研究了橡胶颗粒沥青路面的路用性能，并对其除冰性能进行了探索性研究，但是对橡胶颗粒沥青路面的成形工艺、技术性质及除冰机理缺少深入研究，除冰效果的研究也仅限于室内研究，缺少实体工程的检验。2001 年，交通部公路科学研究所首次在钢桥桥面的铺筑中应用橡胶粉改性沥青技术，经过多年的交通荷载的作用，该桥路面各项性能指标保持优良。2009 年，周纯秀等对橡胶颗粒沥青道路的级配设计、搅拌工艺及除冰雪机理进行了深入研究，确定了橡胶颗粒沥青路面除冰雪应用范围，但是对于冰层与道路接触特性、沥青与橡胶颗粒的黏附性能及道路耐久性缺乏深入分析与讨论。

由此可见，抑制法采用废旧橡胶轮胎作为路面铺筑材料的内掺料，提高了废旧轮胎的回收利用率，有利于保护环境，同时，将弹性颗粒掺入路面材料中可改善材料的弹塑性。但是，将橡胶颗粒掺入路面材料后，材料的强度和耐久性会降低，而机场道面（尤其是跑道）对其铺筑材料的强度和耐久性具有较高的要求，该类橡胶颗粒材料混合料较难满足这些要求。并且，该材料的成型工艺也还不够成熟，橡胶颗粒在道面中容易发生松动、脱落等现象，其性能难以满足机场道面的使用要求。

1.2.2 微波除冰方法

微波除冰方法早在 20 世纪 70 年代就被提出,但是一直未在实际工作中推广应用,这主要是由于微波除冰效率太低,大功率微波器件的成本较高,难以满足实际除冰作业的需要[34-36]。因此,为了改善微波除冰方法的除冰效率,国内外研究人员对微波加热技术和微波除冰效率进行了大量研究。

1. 微波加热技术

微波在 20 世纪 30 年代被发现后,最先作为雷达应用于军事领域。第二次世界大战期间,雷达技术得到快速发展,并在战争投入使用,在许多重要战役中发挥了重要作用。第二次世界大战之后,世界各国都认识到微波的重要性,开始重视微波技术的发展。在一次雷达试验中,研究人员发现微波具有对物质加热的特性,此后,微波加热技术得到飞速发展。近年来,微波更是作为一种新能源,应用于工业生产和居民生活中。微波除冰方法就是利用微波加热技术使道面温度升高而达到除冰目的,因此,研究微波加热技术是研究微波除冰技术的基础。

Kassner 对微波加热理论进行了研究,并成功申请了第一个微波加热专利。英国伯明翰大学的研究人员开始研制微波加热器件,在对微波加热技术理论分析的基础上最终成功研制了大功率微波加热器的关键部件——磁控管,为微波加热技术的开发利用奠定了基础。美国雷神公司在 1947 年成功研制出了微波炉,主要用于食品加热。此后,微波加热技术得到飞速的发展,广泛应用于工业、化学、医疗、食品加工等领域。Okress 根据微波加热特点提出可将微波加热技术应用于材料干燥领域。Bilecka 利用微波技术诱导混合气体产生等离子体,然后通过相关测试方法测定同位素含量来分析混合气体组成,成功将微波技术应用于化学研究领域,开创了微波化学的研究应用。1968 年,有关研究人员提出了微波高温加热技术,利用微波能量将物料加热到 400℃ 以上,并对物料进行烧结、改性、合成等热处理,该项技术是在材料制备领域最有希望替代传统加热方式的先进加热技术。

微波加热技术涉及电磁学、传热学、材料学等多学科,伴随着电磁场交替、温度场变化、化学反应等过程,是一个典型的多物理场耦合问题。随着微波技术的发展,国内外研究人员对微波加热技术的理论分析和数值计算进行了大量研究。研究成果在一定程度上对于了解温度场和电磁场分布情况、指导试验研究和工业生产的顺利开展具有重要意义[37-38]。为了研究微波炉腔内微波功率的损耗密度,Vollmer 等设计了一个 290mm×290mm×190mm 的微波炉,在微波炉底部倒入一薄层水,启动微波 10s 后,通过热成像仪测量水层表面的温度场分布，即代表微波炉内微波功率损耗密度。为了研究微波炉腔体的电磁场分布，Cheng 等建立微波炉仿真模型，得到微波炉中心处的电场值最大而磁场值最小，微波炉壁处的磁场值最大而电场值最小。随着微波加热应用领域的扩展，微波加热流体技术是近代研究的热点。Zhu 和 Kuznetsov 采用时域有限差分方法建立了微波加热连续流体的仿真模型，研究结果表明微波加热模式不仅与流体的介电性能有关，还与微波加热系统的几何形状有关。Amri 和 Saidane 采用数值模拟的方法研究了影响微波加热效果参数的变化规律，采用微波传输线矩阵法求解微波加热问题，分析了样品微波位置、间距及数量对微波加热效果的影响。Santos 等研究了陶瓷材料介电参数随温度变化的动态过程，研究结果表明，微波加热具有不均匀性，微波热效应相对于电磁场变化具有一个滞后时间，并且材料的介电参数与温度具有较大联系。Liu 采用仿真的方法对微波加热均匀性进了研究，结果表明微波加热的均匀性需要进一步优化。

由此可见，国内外研究学者对微波加热技术的理论分析和数值计算进行了一定探索，并且将微波加热技术应用到工业、化学、医疗、食品加工等领域，为微波加热技术的发展做出了一定贡献。但是根据研究现状可以发现，相关研究学者对微波加热技术的研究缺少可靠试验来验证，很少有研究采用理论分析、数值计算和试验研究相结合研究方法。

2. 微波除冰效率

20 世纪 70 年代，国外就开始研究在路面热再生场中应用微波加热技术，利用微波能量加热路面，实现路面热养护[37-40]。Rouss 等设计了一种单模工作的槽波导型谐振腔，利用该谐振腔可加热非金属材料。美国联邦公路局实施的公路战略研究计划项目中（Strategic Highway Research Program，SHRP）研究了非接触式道路微波除冰技术，首先采用微波加热路面，当路面升温后冰层与路面脱离，再通过其他外力作用将冰层清除，但是在微波作用下路面表层仅能吸收 4%~5% 的能量，路面升温速率较慢，除冰效率较低，无法满足高速公路快速除冰的目的[135]。Liu 等提出了在沥青混合料中加入具有较强吸收电磁波能力的物质来提高沥青路面微波加热效率的方法，研究结果表明，普通沥青混合料在 2.45GHz 微波作用下，升温至 120℃的时间为 240s，当在混合料中加入 2%掺量的吸波物质后，在同样微波作用下，升温至 120℃的时间为 45s，当掺量增大至 5%，微波加热效果增大不明显。随后，Lindroth 和 Ye 对道路微波除冰技术也进行了进一步的研究，并建立了微波除冰模型，同时设计了微波除冰试验车。从 2003 年开始，Hopstock 等开始研究沥青混合料的微波吸收性能，发现沥青混合料中主要是集合料具有较强的微波吸收性能，沥青组分对微波吸收性能很弱，几乎可忽略不计，同时发现铁矿石集料的微波吸收能力要高于普通集料（石灰岩、花岗岩）。2004年，美国明尼苏达州的国家监管研究院（National Regulatory Research Institute，NRRI）开始研究铁燧岩集料和铁燧岩沥青混合料，提出了利用铁燧岩沥青混合料修建具有较强微波吸收能力的路面，从而便于路面快速微波修补和微波除冰，并利用该技术修建了"微波路"试验段。2009年，Zanko等人深入研究了铁燧岩沥青路面的路用性能和微波吸收能力，并对该材料在未来高速公路的应用前景进行了深入分析。2017年，Gao等利用金属对微波的反射特性，将钢渣掺入沥青混合料中来提高沥青路面的微波除冰效率。

20世纪90年代末，国内开始研究在沥青路面热再生中应用微波加热技术，但是大部分研究都侧重于开发微波加热装置，而对微波加热机理研究比较少[41-43]。2003年，徐宇工等在国内首次提出了利用微波加技术进行道路除冰的想法，并利用微波炉进行了道路微波除冰试验，研究结果表明微波除冰具有可行性，不同道路材料具有不同的微波除冰效率，并设计了微波除冰车模型，同时申请了两项微波除冰的专利。2006年，佛山威特公路养护设备有限公司一直致力于研究开发道路微波除冰车，申请了两项专利，其研究开发的沥青路面微波养护车在2008年南方冰雪灾害中用于道路除冰，但是由于这种微波除冰方法只能定点除冰，不能连续除冰，除冰效率较低，在抗击冰雪灾害中并没有得到推广应用。2007年，杨茂辉等研究了辐射天线辐射角度对沥青路面的匹配性能的影响，并设计了对比加热实验，结果表明15°斜角喇叭比较适合近距离微波加热的要求。Tang等分析了5.8GHz微波在沥青路面除冰中的应用，通过数值模拟和室内实验对比发现，相对于2.45GHz微波，5.8GHz微波加热时间缩短为1/4，穿透深度缩短为1/4，5.8GHz微波在道路微波除冰中具有更好的应用前景。2008年，焦生杰等进一步分析了微波加热技术在道路除冰中的应用，并针对关键因素之一的环境温度进行了仿真和试验研究，结果表明环境温度越低，除冰效率越低。2009年，唐相伟深入研究了道路微波除冰效率，通过模拟仿真和实验研究分析了普通沥青混凝土在不同条件下的微波除冰效率，并对比分析了掺入磁性物质后沥青路面的微波除冰效率，表明磁性物质可有效提高道路的微波除冰效率。2010年，汪仁波研究了微波路面加热设备的加热均匀性，采用HFSS软件进行了仿真计算，并制作了小型开放式微波路面加热设备，为了改善微波路面加热设备的均匀性，设计了一种具有金属层和介质层复合的超颖材料。2012年，郭德栋采用具有极强微波吸收能力的磁铁矿代替普通集料，研究了磁铁矿沥青混凝土材料的配比设计，微波与磁铁矿的发热机理，磁铁矿沥青路面的道路微波除冰效率及除冰工艺。2013年，孙云朝结合机械除冰和热力除冰的优点而设计研究道路微波除冰车，并对除冰车整体结构，避障功能和液压驱动系统进行了优化设计，研究结果具有良好的应用前景和社会、经济效益。2014 年，高杰研究了碳纤维-水泥乳化沥青的组成设计和微波除冰性能，分析了碳纤维在水泥乳化沥青中的分散性，得到了冰层与路面的冻粘界面模型，提出了微波辐射下试件的热生成率计算模型，分析了碳纤维对水泥乳化沥青微波热生成率的影响。

由此可见，微波除冰效率的研究主要侧重于分析沥青路面微波除冰性能，关于混凝土路面微波除冰性能的研究比较少。同时，现有研究以仿真分析为主，试验研究相对较少。而且，进行试验研究的设备比较简单，缺乏系统的设计，没有统一的标准，很多研究人员以微波炉作为试验设备，这与实际道路除冰情况并不相符。

1.2.3 水泥基复合吸波材料

根据道路微波除冰方法特点，为提高道路微波除冰效率，改善路面材料的吸波特性是关键。因此，研究水泥基复合材料吸波特性对于分析机场道面微波除冰性能具有十分重要的意义。

水泥基复合材料是机场道面、高速公路和其他道路应用最为广泛的铺筑材料，其环境适应能力强、强度高、耐久性好，通过掺入某些掺合料较易实现某一特定功能。因此，为了改善水泥材料的电磁波吸收性能，可在复合材料中掺入一定量具有较强吸波性能的吸波剂。由于水泥基复合材料组成成分复杂，在选择掺合料时应充分考虑各组分的电磁波吸收性能，以及各掺合料和骨料之间的物理化学反应。同时，还应充分考虑水泥基复合材料的颗粒级配、化学活性和物理力学性能等。常用的吸波剂掺合料有粉体类和纤维类。近年来，水泥基复合材料电磁波吸收性能的研究引起了国内外学者的广泛关注。

1. 粉体类填充水泥基复合材料

铁氧体和石墨等粉体材料具有较强的吸波性能，与水泥基复合材料比较容易混合均匀，常被用作水泥基复合材料的吸波组分。

铁氧体一般是指铁元素与其他元素复合生成的化合物，属于半导体，常常作为磁性介质应用。铁氧体具有较高的 μ_r 值和低廉的制备成本，常被用作微波吸波剂。将铁氧休掺入水泥复合材料中后，复合材料在低频时具有良好的吸波性能，其强度可通过控制铁氧体掺量得到保证[44-46]。关于这方面的研究，日本研究学者以 Mn-Zn、Mg-Zn 等材料为吸波剂，其研究开发的混凝土幕墙吸波材料对 90~450MHz 频率微波吸收为-5dB。TDK 公司研究开发的镍锌铜铁氧体材料对 130~540MHz 频率微波吸收为-10dB。Otsuka 等通过将混凝土与磁性粒子或磁性流体混合，成功研制了一种新型磁性混凝土，这种新型混凝土具有吸收和屏蔽电磁波的功能。国内在这方面的研究也比较多。Guan 针对目前复杂的电磁环境，论述了基于铁氧体电磁屏蔽混凝土的研究进展，对铁氧体在水泥基复合材料中的应用前景进行了深入的分析。午丽娟等人采用溶胶凝法制备了"W"形 $BaCo_2Fe_{16}O_{27}$ 六角铁氧体，将其与碳纤维混合掺入到水泥基复合材料中，铁氧体掺量为35%，碳纤维为0.2%，复合材料具有最优吸波性能，在 12~18GHz 频段内，最小吸收为-5dB，最大吸收为-23dB。有相关研究采用铁砂来制备铁氧体吸波剂，其复合材料对 8~18GHz 频率微波最大吸收达到 -30dB，这种吸波剂主要是依靠共振对电磁波进行吸收。吕淑珍等研究发现铁氧体与水泥基体可以相互作用，铁氧体水泥基复合材料并不完全服从电磁媒质混合理论。

石墨是一种电阻型吸收剂，主要通过与电场相互作用来吸收电磁波，依靠电子极化和界面极化来衰减吸收的电磁波，其导电性能好、价格低廉，相互之间易形成导电网络从而使复合材料具有较强的导电性能[47-48]。石墨掺入到水泥基复合材料中一般先经过预处理，其掺入量不宜过大，否则会造成电磁波的严重反射而降低吸收性能。Dai 等研究了石墨填充水泥材料，结果表明石墨可以提高复合材料的介电常数和损耗因子，当石墨掺量为2.3%时，复合材料电磁波吸收达-20.3dB。刘成国等以石墨为吸波剂研制了新型吸波墙体，对 8~18GHz 频率微波的吸收为-17~-7.5dB，对 18~26.5GHz 频率微波最大吸收为-15~-10dB。

2. 纤维类填充水泥基复合材料

纤维类材料具有较大的长径比，当以吸波剂掺入到水泥基复合材料中后，相互搭接更易形成导电网络，在较低含量下可获得较优的吸波性能，如碳纤维、钢纤维等。就改善材料性能来讲，纤维类吸波剂比粉体类吸波剂效果更好[49-52]。日本的 TDK 公司在该项领域的研究成果较为丰富，其以导电纤维、碳、铁氧体或介质材料为吸波剂研究生产了一系列建筑吸波材料，这些吸波材料对 30~4000MHz 频率微波的吸收高达-20dB。日本东洋玻璃公司利用碎玻璃和钢纤维生产的建筑装潢材料，对 2.45GHz 频率微波的吸收为-8dB，这种材料对于降低室内电磁波反射具有十分重要的意义。同时，英国的沃克微波技术公司生产的 MAC8101 型吸波产品对 500~5000MHz 频率微波的吸收也达 -15dB。国内关于纤维类吸波材料的研究也比较多。杨海燕等将钢纤维掺入水泥基复合材料中，分析了钢纤维直径和长度对水泥基复合材料吸波性能的影响，研究结果表明，随着钢纤维长径比的增大，水泥基复合材料的吸波性能提升，但增大到一定程度后，吸波性能增幅减小，甚至在高频区出现吸波性能随钢纤维长度增大而降低。相关文献表明碳纤维掺量在碳纤维增强水泥基复合吸波材料中存在最佳值，过多的碳纤维将导致复合材料对电磁波产生严重的反射。李宝毅研究了芳纶纤维对水泥基复合材料吸波性能的影响，纤维含量较低时，长纤维对复合材料吸波性能改善效果更好；纤维含量较高时，短纤维对复合材料吸波性能改善作用更大，由纤维在水泥浆体中易集结成团，其含量不宜过高。国爱丽研究了超细钢纤维、短切碳纤维的吸波性能，发现这两种纤维均不同程度上降低了材料的电阻率，其中超细钢纤维掺量为4%时降低幅度最大；钢纤维与铁氧体复掺可明显提高复合材料的吸波效果，这主要是因为复掺方式改善了水泥基复合材料表面的阻抗匹配，同时，掺入纤维材料后，水泥基复合材料的力学性能均有不同程度的提高。

综上所述，关于水泥基复合吸波材料的研究主要是以反射率为评价指标，侧重于分析水泥基复合材料宏观的吸波性能，而对其电磁参数研究相对较少。而且，由于水泥基复合材料是不均匀材料，对其电磁参数的测试与其他均质材料不同，必须对均质材料电磁参数测试方法进行改进，关于这方面的研究相对较少。同时，研制的水泥基复合吸波材料主要应用于具有电磁屏蔽功能的结构，而很少应用于微波加热领域。此外，在水泥基复合材料掺入吸波材料后，对材料的强度特性会产生一定影响，现有很多研究中忽略了水泥基复合吸波材料强度特性的分析。

1.3 目前存在的问题

根据国内外机场、道路除冰的发展现状，可以看出，国内外相关研究人员对传统除冰方法、微波除冰技术和水泥基复合吸波材料做了大量工作，取得了一定成果，但在实际的除冰作业中仍存在一些问题。

1.3.1 传统除冰方法

在道路除冰作业发展现状中，人们虽然对传统除冰方法进行了一定改进，但是仍然无法克服除冰作业过程中存在的一些问题。例如，人工清除法效率低、作业量大、劳动强度高；机械清除法冰层除净率低，尤其是对薄冰层，其除冰效果较差，而且单纯依靠机械作用对道面伤害较大；化学融化法中融雪剂的使用对环境和道面性能的破坏较大；物理融化法建造成本较高，后期维护费用也比较大，能量利用率较低；抑制法对道面材料的强度和耐久性影响较大。因此，有必要研究一种除冰效率高、绿化环保、对道面损害小、适用于机场工程环境特点的新型除冰技术。

1.3.2 微波除冰方法

在微波除冰技术发展现状中，微波除冰理论分析不深入，微波加热的热效应和道面热传导过程缺少深入系统的分析；材料电磁参数是其电磁波吸收性能的关键指标，影响因素较多，目前这方面研究相对较少；现有研究以仿真研究为主，试验研究为辅；进行试验研究的微波除冰设备比较简单，没有统一的标准，缺乏系统的设计，很多研究学者简单采用家用微波炉作为微波除冰设备。因此，有必要对微波除冰的理论、影响因素和微波除冰效率展开系统深入分析。

1.3.3 水泥基复合吸波材料

在水泥基复合吸波材料发展现状中，水泥基复合吸波材料宏观吸波性能研究较多，而关于吸波机理研究较少；水泥基复合材料是一个组成成分多样，结构复杂多变的多相体系，其水化生成的水化产物、结构孔洞以及外掺的吸波剂对复合材料吸波性能的影响及作用机理亟待深入研究；大部分研究集中在吸波剂的研究开发，而对水泥基复合吸波材料结构功能缺少系统设计，没有解决好吸波特性和强度特性之间的矛盾。因此，有必要对机场道面混凝土的吸波特性开展深入研究。

1.4 本书主要内容

本书主要从机场道面微波除冰机理和混凝土吸波特性的角度出发，以机场道面混凝土为主要对象，以微波加热原理和复合材料设计原理为理论基础，分别将磁铁矿碎石、石墨/铁黑和碳纤维等吸波材料掺入混凝土中，采用理论分析、仿真研究、室内试验及现场试验相结合的分析手段，围绕机场道面混凝土的力学性能、吸波特性及微波除冰效果展开深入系统分析，并探索微波除冰方法在机场道面除冰作业中的应用技术。

本书主要内容及拟采取的分析方法如下。

（1）建立机场道面磁-热耦合微波除冰模型。首先，通过分析机场道面冰层特性和微波加热介质的热效应，揭示机场道面微波除冰机理；然后，以经典电磁波理论和非平衡热力学理论为基础，结合微波在有耗介质中的传播规律，建立机场道面微波除冰磁-热耦合理论模型；最后，以 COMSOL Multiphysics 为平台，建立机场道面三维磁-热耦合仿真模型。

（2）分析机场道面微波除冰性能影响因素。以复合材料设计原理为基础，结合机场道面混凝土的制备原理，进行配合比设计，确定机场道面混凝土的制备流程及成型工艺；以矩形波导传输/反射法测试原理为依据，建立水泥基复合材料电磁参数测试系统，分别从水泥浆、水泥砂浆和普通混凝土3个层面分析机场道面基体材料的电磁性能；采用仿真与试验相结合的研究手段，分析机场道面微波除冰特点，确定微波除冰效率的评价指标，并根据评价指标分析微波场因素和环境因素对机场道面微波除冰性能的影响。

（3）探索磁铁矿骨料对混凝土微波除冰性能的影响。采用磁铁矿碎石等体积代替石灰岩碎石作为混凝土骨料，制备磁铁矿骨料混凝土用于铺筑机场道面，分析磁铁矿的技术特性；以普通混凝土基准配合比为基础，进行不同磁铁矿掺量的配合比设计，分别测试磁铁矿骨料混凝土的力学指标和电磁参数，分析不同磁铁矿掺量对磁铁矿骨料混凝土力学性能和电磁性能的影响；采用仿真与试验相结合的研究手段，进行微波发热试验和微波除冰试验，揭示磁铁矿骨料混凝土的微波发热规律和微波除冰效率变化规律，分析磁铁矿骨料混凝土微波除冰性能。

（4）分析不同吸波剂掺料对混凝土微波除冰性能的影响。以铁黑和石墨为粉体吸波剂掺料，以碳纤维为纤维吸波剂掺料，分别采用单掺和复掺方式，将不同吸波剂掺料掺入到混凝土中，采用标准的试验方法测试混凝土的抗压强度和抗折强度，分析吸波剂掺料及其掺量对混凝土力学性能的影响；采用矩形波导传输/反射法测量混凝土的电磁参数，探索吸波剂掺料及其掺量对混凝土电磁性能的影响规律；采取仿真与试验相结合的研究手段，揭示吸波剂掺料及其掺量对混凝土微波除冰性能的影响规律及内在机理，为微波除冰技术的推广应用奠定理论基础。

（5）进行机场道面微波除冰技术的现场应用。初步设计机场道面微波除冰系统，对其关键部件进行优化设计，对微波防泄漏设计进行安全性分析，同时，以微波加热系统为基础，设计制作小比例微波除冰车；在此基础上，进行机场道面微波除冰现场试验，分别以厚冰和薄冰两类冰层为例，对比分析冰层厚度对微波除冰效果的影响，分别以普通混凝土（PC）、磁铁矿骨料混凝土（MC）、复掺石墨/铁黑混凝土（CFeC）和碳纤维改性混凝土（CFC）为铺筑材料浇注试验段，对比分析不同类型道面混凝土的微波除冰性能；此外，根据微波除冰现场试验结果，对微波除冰方法在机场道面除冰工作的应用技术进行分析。

第 2 章　电磁波传播理论

微波是一类频率在 300MHz～30GHz 之间的电磁波，因此电磁波传播理论是其与介质相互作用的基本理论，掌握电磁波传播理论，可为正确理解微波能量耗散规律、建立微波除冰理论模型、开展微波除冰试验、奠定理论基础。

本章分别从电磁波特性、麦克斯韦方程和电磁波传播基本方程 3 个方面，分析了电磁波传播特性，并针对电磁波在介质中的传播参数进行了推导分析。根据电磁波在介质分界面处反射与透射现象的分析，推导分析介质分界面处反射系数与透射系数的基本表达式。根据电磁波与物质相互作用规律，结合物质结构方程，分析电磁波在介质中能量耗散规律，并建立电磁波极化损耗、磁化损耗和欧姆损耗功率密度的基本表达式。

2.1　电磁波传播特性

2.1.1　电磁波特性

1864 年，英国科学家麦克斯韦在总结前人研究电磁波成果的基础上，创建了相对完整的经典电磁波理论，并推导出电磁波与光具有相同的传播速度。1887 年，德国物理学家赫兹通过实验证实了电磁波的存在。往后，人们对电磁波进行了多种实验，结果表明电磁波具有多种存在形式，只是在频率和波长上存在很大的差别，其中光也是一种电磁波。

电磁波是能量形式的一种，在生活中无处不在，凡是能释放能量的物体都能释放电磁波。从科学角度来说，电磁波是电磁场的运动形态，变化的电场能够产生磁场，同样，变化的磁场也能够产生电场，这表明时变电场与时变磁场不是相互独立，而是相互依赖，互为其源，同时存在。在空间中，一旦时变电流产生时变磁场，时变磁场就会产生时变电场，时变电场又产生时变磁场。这样，时变电场和时变磁场交替产生就形成了电磁波。在空间中，电磁波是由相互垂直且同相振荡的电场和磁场组成，并以波的形式移动，同时伴随着能量和动量的传播，其传播方向垂直于电场和磁场组成的平面。电磁波是一种横波，与声波、水波相似，通过不同介质时，会发生反射、折射、散射及吸收等。电磁波可以根据其频率分类，从低频率到高频率，可以分成无线电波、微波、红外线、可见光、紫外线、X射线和伽马射线等。

2.1.2 麦克斯韦方程

1861年，麦克斯韦在总结前人电磁波成果的基础上，迈出了关键的一步，提出了位移电流的假设，保证了电流的连续性，使人类对电场和磁场的认识统一到既对立又统一，不可分割的电磁场整体的概念上。

在提出位移电流的假设后，麦克斯韦建立了一组描述电磁场性质的方程——麦克斯韦方程组，其微分形式为

$$\begin{cases} \nabla \times \boldsymbol{H} = \boldsymbol{J} + \dfrac{\partial \boldsymbol{D}}{\partial t} \\ \nabla \times \boldsymbol{E} = -\dfrac{\partial \boldsymbol{B}}{\partial t} \\ \nabla \cdot \boldsymbol{D} = \rho \\ \nabla \cdot \boldsymbol{B} = 0 \end{cases} \tag{2-1}$$

式中：$\boldsymbol{H}$ 为磁场强度矢量（A/m）；$\boldsymbol{J}$ 为电流体密度矢量（A/m²）；$\boldsymbol{D}$ 为电位移矢量（C/m²）；$\boldsymbol{E}$ 为电场强度矢量（V/m）；$\boldsymbol{B}$ 为磁感应强度矢量（T）；ρ 为电荷体密度（C/m³）；t 为时间（s）。

在电磁技术领域，介质中的电磁场还应满足下列本构关系：

$$\boldsymbol{D} = \varepsilon_0 \boldsymbol{E} + \boldsymbol{P} = \varepsilon_0 \boldsymbol{E} + \varepsilon_0 \chi_e \boldsymbol{E} = \varepsilon_0 (1 + \chi_e) \boldsymbol{E} = \varepsilon_0 \varepsilon_r \boldsymbol{E} = \varepsilon \boldsymbol{E} \tag{2-2}$$

$$\boldsymbol{B} = \mu_0 (\boldsymbol{H} + \boldsymbol{M}) = \mu_0 \boldsymbol{H} + \mu_0 \chi_m \boldsymbol{H} = \mu_0 \mu_r \boldsymbol{H} = \mu \boldsymbol{H} \tag{2-3}$$

$$\boldsymbol{J} = \sigma \boldsymbol{E} \tag{2-4}$$

式中：$\boldsymbol{P}$ 和 $\boldsymbol{M}$ 分别为介质的极化强度和磁化强度；χ_e 和 χ_m 分别为介质的极化率和磁化率；ε 和 μ 分别为介质的介电常数和磁导率；ε_0 和 μ_0 分别为真空中的介电常数和磁导率；ε_r 和 μ_r 则为介质的相对介电常数和磁导率；σ 为介质的电导率。

这3个方程决定电磁场中介质的特性，称为物质的结构方程。

麦克斯韦基本方程和物质的结构方程一起组成了电磁学理论的基本方程，其中，麦克斯韦基本方程是电磁理论的核心。它以一组数学符号描述了宏观电磁现场应该满足的关系，一切宏观的电磁现场都毫不例外地遵循这组方程。

2.1.3 电磁波基本方程

根据电磁波等相位面和等振幅面形状的不同，通常可以将电磁波分为平面电磁波、柱面电磁波、球面电磁波等。平面电磁波是指等相位面和等振幅面都是平面的电磁波，平面电磁波具有一般电磁波的共性，电磁波的传播方向垂直

于电场强度和磁感应强度组成的平面。

如图 2-1 所示，在空间笛卡儿坐标系中，假设电磁波沿 z 轴正方向传播，电场强度矢量 E 只有沿 x 轴方向的分量 E_x，且在 xoy 平面内是均匀的，即 $\partial E_x/\partial x=0$，$\partial E_x/\partial y=0$。那么，磁感应强度矢量 B 只有沿 y 轴方向的分量 B_y，同样在 xy 平面内是均匀的，即 $\partial B_y/\partial x=0$，$\partial B_y/\partial y=0$。

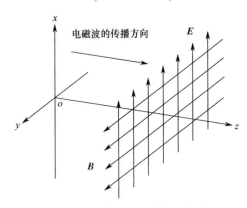

图 2-1 均匀电磁波传播示意图

联立式（2-1）~式（2-4）求解，并利用矢量恒等式 $\nabla\times\nabla\times E=\nabla\nabla\cdot E-\nabla^2 E$，可得

$$\nabla^2 E - \mu\varepsilon\frac{\partial^2 E}{\partial t^2} = \frac{1}{\varepsilon}\nabla\rho + \mu\frac{\partial J}{\partial t} \tag{2-5}$$

$$\nabla^2 H - \mu\varepsilon\frac{\partial^2 H}{\partial t^2} = -\nabla\times J \tag{2-6}$$

式（2-5）和式（2-6）分别被称为电场和磁场的非齐次矢量波动方程。在无源均质介质中，电流和电荷为零，则式（2-5）和式（2-6）右端均为 0，可以简化为

$$\nabla^2 E - \mu\varepsilon\frac{\partial^2 E}{\partial t^2} = 0 \tag{2-7}$$

$$\nabla^2 H - \mu\varepsilon\frac{\partial^2 H}{\partial t^2} = 0 \tag{2-8}$$

式（2-7）和式（2-8）分别被称为电场和磁场的齐次矢量波动方程。

在时变电磁场中，随时间正弦变化的源产生的随时间正弦变化的场是最基本、最简单的电磁场。对于这种正弦变化的电磁场，可以很方便地将时域中电磁场的量表示成频域中的向量形式，再采用频域的分析方法研究时域中的电磁场问题，从而将时域中的问题转化为频域中的问题。定义随时间作正弦变化的

电磁场后，电场和磁场的齐次矢量波动方程可以简化为

$$\nabla^2 \boldsymbol{E} + k^2 \boldsymbol{E} = 0 \tag{2-9}$$

$$\nabla^2 \boldsymbol{H} + k^2 \boldsymbol{H} = 0 \tag{2-10}$$

式中：$k = \omega\sqrt{\mu\varepsilon}$，$\omega$ 为角频率。

式（2-9）和式（2-10）被称为电磁场的波动方程，又称为矢量亥姆霍兹方程。对于平面电磁波，电场强度矢量 $\boldsymbol{E}$ 只有沿 x 轴方向的分量 E_x，且在 xoy 平面内是均匀的，式（2-9）可以简化为

$$\frac{\mathrm{d}^2 E_x}{\mathrm{d}z^2} + k^2 E_x = 0 \tag{2-11}$$

其解为

$$E_x = E_0 \mathrm{e}^{-jk + \varphi_0} \tag{2-12}$$

式中：E_0 为电场强度振幅有效值；φ_0 为电场强度初相位，对应的时域瞬时正弦形式为

$$E_x = \sqrt{2} E_0 \cos(\omega t - k + \varphi_0) \tag{2-13}$$

同理，可得磁场强度矢量的解为

$$H_y = \sqrt{\frac{2\varepsilon}{\mu}} E_0 \cos(\omega t - k + \varphi_0) \tag{2-14}$$

式（2-13）和式（2-14）描述的是沿 z 轴正方向传播的波。其中，ωt 是时间相位，k 是空间相位，时间相位变化 2π 所经过的时间是一个周期 T，空间相位变化 2π 所移动的距离是一个波长 λ，可得到下列关系式：

$$T = \frac{2\pi}{\omega} \tag{2-15}$$

$$\lambda = \frac{2\pi}{k} \tag{2-16}$$

可知，k 表示 2π 距离内的波长数目，因此 k 也被称为波数。

电磁波等相位面传播的速度被称为波速，用 v_p 表示。由式（2-13）可得

$$\omega t - k + \varphi_0 = C \tag{2-17}$$

式中，C 为常数，则

$$v_\mathrm{p} = \frac{\mathrm{d}z}{\mathrm{d}t} = \frac{\omega}{k} = \frac{1}{\sqrt{\mu\varepsilon}} \tag{2-18}$$

式（2-18）表明，在介质中电磁波的波速与介质参数有关，在自由空间中

$$v_\mathrm{p} = \frac{1}{\sqrt{\mu\varepsilon}} \approx 3 \times 10^8 \mathrm{m/s} \tag{2-19}$$

式 (2-19) 结果表明电磁波与光具有相同的传播速度。同时，由式 (2-13) 和式 (2-14) 可知，在电磁波的传播过程中总是伴随着同步变化的电场和磁场，并且对于特定的介质，电强度矢量和磁场强度矢量的比值是一个常数，通常将这个常数定义为波阻抗，用 Z 表示，即

$$Z = \frac{E}{H} = \sqrt{\frac{\mu}{\varepsilon}} \tag{2-20}$$

2.2 电磁波的反射和透射

2.2.1 反射与透射现象

根据电磁波传播理论，电磁波在传播过程中遇到不同介质时，会在介质分界面上发生反射、透射等现象。对于吸波材料，反射系数大时会使电磁波不能有效进入材料内部，从而影响吸波材料吸波性能的发挥。因此，了解电磁波的反射和透射特性是研制新型吸波材料的前提和基础。如图 2-2 所示，电磁波沿 z 轴正方向由介质 1 $(\mu_1, \varepsilon_1, \sigma_1)$ 进入到介质 2 $(\mu_2, \varepsilon_2, \sigma_2)$ 中，介质的分界面在 $z=0$ 处。设入射波的电场为

$$\boldsymbol{E}^{i} = \boldsymbol{e}_x E_0^{i} \mathrm{e}^{-jk_1 z} \tag{2-21}$$

对应的磁场为

$$\boldsymbol{H}^{i} = \boldsymbol{e}_y \frac{E_0^{i}}{Z_1} \mathrm{e}^{-jk_1 z} \tag{2-22}$$

式中：$Z_1 = \sqrt{\mu_1/\varepsilon_1}$ 为介质 1 的波阻抗；$k_1 = \omega\sqrt{\mu_1 \varepsilon_1}$ 为介质 1 的波数。

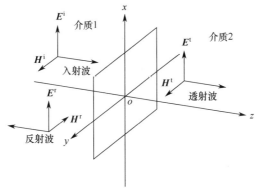

图 2-2 电磁波在不同介质分界面上的传播特性

在介质分界面上，电磁波会发生反射和透射现象，一部分电磁波会被反射回介质 1 中，另一部分电磁波会透射进入介质 2 中。则反射波可以表示为

$$\boldsymbol{E}^{\mathrm{r}} = \boldsymbol{e}_x E_0^{\mathrm{r}} \mathrm{e}^{jk_1 z} \tag{2-23}$$

$$\boldsymbol{H}^{\mathrm{r}} = -\boldsymbol{e}_y \frac{E_0^{\mathrm{r}}}{Z_1} \mathrm{e}^{jk_1 z} \tag{2-24}$$

透射波可表示为

$$\boldsymbol{E}^{\mathrm{t}} = \boldsymbol{e}_x E_0^{\mathrm{t}} \mathrm{e}^{-jk_2 z} \tag{2-25}$$

$$\boldsymbol{H}^{\mathrm{t}} = \boldsymbol{e}_y \frac{E_0^{\mathrm{t}}}{Z_2} \mathrm{e}^{-jk_2 z} \tag{2-26}$$

式中：$Z_2 = \sqrt{\mu_2/\varepsilon_2}$ 为介质 2 的波阻抗；$k_2 = \omega\sqrt{\mu_2\varepsilon_2}$ 为介质 2 的波数。

2.2.2 反射与透射特性

为了衡量介质分界面的反射和透射特性，分别定义反射系数 R 和透射系数 T：

$$R = \frac{E_0^{\mathrm{r}}}{E_0^{\mathrm{i}}} \tag{2-27}$$

$$T = \frac{E_0^{\mathrm{t}}}{E_0^{\mathrm{i}}} \tag{2-28}$$

由电磁波的边界条件可知，在介质分界面上无电流、无电荷，则应满足关系式：$\boldsymbol{E}_{1t} = \boldsymbol{E}_{2t}$，$\boldsymbol{H}_{1t} = \boldsymbol{H}_{2t}$，即

$$E_0^{\mathrm{i}} + R E_0^{\mathrm{i}} = T E_0^{\mathrm{i}} \tag{2-29}$$

$$\frac{E_0^{\mathrm{i}}}{Z_1} - \frac{R E_0^{\mathrm{i}}}{Z_1} = \frac{T E_0^{\mathrm{i}}}{Z_2} \tag{2-30}$$

联立式（2-29）和式（2-30）求解，得到

$$R = \frac{Z_2 - Z_1}{Z_2 + Z_1} \tag{2-31}$$

$$T = \frac{2Z_2}{Z_2 + Z_1} \tag{2-32}$$

由式（2-31）和式（2-32）可知，反射系数和透射系数与界面两侧的介质特性有关，当 $Z_2 > Z_1$ 时，$R > 0$，$T > 1$，反射波与入射波的相位相同；当 $Z_2 < Z_1$ 时，$R < 0$，$T < 1$，反射波与入射波的相位相反。在吸波材料技术研究中，通常以反射率来表征材料表面对电磁波的反射情况，用 Γ 表示，即

$$\Gamma = 20\lg(|R|) \tag{2-33}$$

输入阻抗 Z_{in} 是电磁波理论分析中一个重要的参数，是指电磁波上任意一点上总电场和总磁场的比值。对于图 2-2 中电磁波在两种介质中的传播情况，距离介质分界面 l 处的输入阻抗 Z_{in} 定义为

$$Z_{in} = \frac{E(z=-l)}{H(z=-l)} \tag{2-34}$$

将合成的电场和磁场代入式（2-34）中，化简并整理，可得

$$Z_{in} = Z_1 \frac{Z_2 + jZ_1\tan(k_1 l)}{Z_1 + jZ_2\tan(k_1 l)} \tag{2-35}$$

对于电磁波在多层介质中的传播，则可利用输入阻抗来分析电磁波的在各层介质中的反射和透射情况。

2.2.3 电磁波与物质相互作用原理

由物质的结构方程可知，电磁场中介质的特性由介电常数、磁导率和电导率三个电磁参数表征。对于一般介质，其电磁参数是标量形式；对于一些有损耗的介质，其电磁参数是复数形式；而对于一些各向异性介质，其电磁参数是张量形式。在实际情况中，电磁波在电介质中的传播的存在损耗，其损耗的大小不仅与介质的特性有关，而且与电磁波变化的快慢有关。在一些介质中，电磁波变化慢时可以忽略不计，但是在变化快时往往就不能忽略了，因此电磁波频率也是影响电磁波在介质中损耗的重要参数。对于一般存在损耗的介质，相对介电常数 ε_r 和相对磁导率 μ_r 的复数形式可以表示为

$$\begin{cases} \varepsilon_r = \varepsilon' - j\varepsilon'' \\ \mu_r = \mu' - j\mu'' \end{cases} \tag{2-36}$$

式中：ε' 为介质在电场作用下产生的极化程度；ε'' 为介质在电场作用下电偶极矩重排产生的介电损耗程度；μ' 为介质在磁场作用下产生的磁化程度；μ'' 为介质在磁场作用下磁偶极距重排产生的磁损耗程度；ε'、ε''、μ'、μ'' 都是电磁波频率的函数。

为了衡量电磁能量在空间中流动的大小和方向，定义坡印廷矢量 S。其方向为电磁波的传播方向，大小为垂直通过单位面积的能量，可表示为

$$S = E \times H \tag{2-37}$$

式（2-37）两边取散度，并联立式（2-1），可得

$$\begin{aligned}
-\nabla \cdot S &= -\nabla \cdot (E \times H) \\
&= E \cdot \nabla \times H - H \cdot \nabla \times E \\
&= E \cdot J + E \cdot \frac{\partial D}{\partial t} + H \cdot \frac{\partial B}{\partial t}
\end{aligned} \tag{2-38}$$

由于

$$\begin{cases} \dfrac{\partial (\boldsymbol{E} \cdot \boldsymbol{D})}{\partial t} = \boldsymbol{E} \cdot \dfrac{\partial \boldsymbol{D}}{\partial t} + \boldsymbol{D} \cdot \dfrac{\partial \boldsymbol{E}}{\partial t} \\ \dfrac{\partial (\boldsymbol{H} \cdot \boldsymbol{B})}{\partial t} = \boldsymbol{H} \cdot \dfrac{\partial \boldsymbol{B}}{\partial t} + \boldsymbol{B} \cdot \dfrac{\partial \boldsymbol{H}}{\partial t} \end{cases} \tag{2-39}$$

将式（2-39）代入式（2-38）中，可得

$$-\oint_S (\boldsymbol{E} \times \boldsymbol{H}) \cdot \mathrm{d}S = \int_V \left[\frac{1}{2} \frac{\partial (\boldsymbol{E} \cdot \boldsymbol{D})}{\partial t} + \frac{1}{2} \frac{\partial (\boldsymbol{H} \times \boldsymbol{B})}{\partial t} \right] \mathrm{d}V +$$

$$\int_V \frac{1}{2} \left(\boldsymbol{E} \cdot \frac{\partial \boldsymbol{D}}{\partial t} - \boldsymbol{D} \cdot \frac{\partial \boldsymbol{E}}{\partial t} \right) \mathrm{d}V +$$

$$\int_V \frac{1}{2} \left(\boldsymbol{H} \cdot \frac{\partial \boldsymbol{B}}{\partial t} - \boldsymbol{B} \cdot \frac{\partial \boldsymbol{H}}{\partial t} \right) \mathrm{d}V +$$

$$\int_V (\boldsymbol{J} \cdot \boldsymbol{E}) \mathrm{d}V \tag{2-40}$$

由电磁场能量平衡方程可知，流入电磁场内的能量密度等于电磁场能量密度的变化率加上电磁场损耗功率密度。因此，式（2-40）右边第一项为电磁场能量密度的变化率，其他项为电磁场功率损耗密度。

极化损耗功率密度为

$$P_e = \frac{1}{2} \left(\boldsymbol{E} \cdot \frac{\partial \boldsymbol{D}}{\partial t} - \boldsymbol{D} \cdot \frac{\partial \boldsymbol{E}}{\partial t} \right) \tag{2-41}$$

磁化损耗功率密度为

$$P_m = \frac{1}{2} \left(\boldsymbol{H} \cdot \frac{\partial \boldsymbol{B}}{\partial t} - \boldsymbol{B} \cdot \frac{\partial \boldsymbol{H}}{\partial t} \right) \tag{2-42}$$

欧姆损耗功率密度为

$$P_j = \boldsymbol{J} \cdot \boldsymbol{E} \tag{2-43}$$

在各向同性的介质中，$\boldsymbol{E}$、$\boldsymbol{D}$、$\boldsymbol{P}$ 方向相同，同理，$\boldsymbol{B}$、$\boldsymbol{H}$、$\boldsymbol{M}$ 方向也相同，为了简化研究，可以不考虑方向的影响。如果电磁场为时谐场，则可设 $E = E_0 \cos(\omega t)$，由于迟滞效应的影响，极化强度 $\boldsymbol{P}$ 在相位上落后电场强度 $\boldsymbol{E}$ 一个 ϕ，相应的 $\boldsymbol{D}$ 落后电场强度 $\boldsymbol{E}$ 一个 δ，即

$$\begin{cases} P = \rho_0 \cos(\omega t - \phi) \\ D = D_0 \cos(\omega t - \delta) \end{cases} \tag{2-44}$$

将式（2-44）代入式（2-41）中，得

$$P_e = \frac{1}{2}\left(\boldsymbol{E} \cdot \frac{\partial \boldsymbol{D}}{\partial t} - \boldsymbol{D} \cdot \frac{\partial \boldsymbol{E}}{\partial t}\right)$$

$$= \frac{1}{2}\omega D_0 E_0 \sin\delta + \frac{1}{2}D_0 E_0 \cos(\omega t)\sin(\omega t - \delta)\frac{\partial \delta}{\partial t} \qquad (2\text{-}45)$$

采用复数形式，则可得 $\boldsymbol{E} = E_0 e^{j\omega t}$，$\boldsymbol{D} = D_0 e^{j(\omega t - \delta)}$ 根据式（2-2）和式（2-36），可得

$$\begin{cases} \varepsilon' = \dfrac{D_0}{\varepsilon_0 E_0}\cos\delta \\ \varepsilon'' = \dfrac{D_0}{\varepsilon_0 E_0}\sin\delta \end{cases} \qquad (2\text{-}46)$$

式（2-45）可以表示为

$$P_e = \frac{1}{2}\omega\varepsilon_0\varepsilon''E_0^2 + \frac{1}{2}\varepsilon_0 E_0^2 \cos^2(\omega t)\frac{\partial \varepsilon'}{\partial t} +$$

$$\frac{1}{2}\varepsilon_0 E_0^2 \cos(\omega t)\sin(\omega t)\frac{\partial \varepsilon''}{\partial t} \qquad (2\text{-}47)$$

在辐射功率不大的情况下，短期时间内介质的特性不会发生改变，即 $\partial\varepsilon'/\partial t \to 0$，$\partial\varepsilon''/\partial t \to 0$，则可得介质极化损耗功率密度为

$$P_e = \frac{1}{2}\omega\varepsilon_0\varepsilon''E_0^2 \qquad (2\text{-}48)$$

同理，可得介质磁化损耗功率密度为

$$P_m = \frac{1}{2}\omega\mu_0\mu''H_0^2 \qquad (2\text{-}49)$$

欧姆损耗功率密度为

$$P_j = \sigma E_0^2 \qquad (2\text{-}50)$$

则介质中总的电磁损耗功率密度为

$$P_t = \frac{1}{2}\omega\varepsilon_0\varepsilon''E_0^2 + \frac{1}{2}\omega\mu_0\mu''H_0^2 + \sigma E_0^2 \qquad (2\text{-}51)$$

由式（2-48）~式（2-50）可知，介质的欧姆损耗、介电损耗和磁损耗分别与 σ、ε'' 和 μ'' 成正比。在电磁学中，通常以损耗角正切表示介质对电磁波损耗能力的大小，可以分别表示为

$$\tan\delta_R = \frac{\sigma}{\omega\varepsilon_0\varepsilon'} \qquad (2\text{-}52)$$

$$\tan\delta_e = \frac{\varepsilon''}{\varepsilon'} \tag{2-53}$$

$$\tan\delta_m = \frac{\mu''}{\mu'} \tag{2-54}$$

通常情况下，介质的欧姆损耗和介电损耗统一反应在介电常数 ε 的复数形式中，可以表示为

$$\varepsilon = \varepsilon' - j\left(\varepsilon'' + \frac{\sigma}{\omega}\right) \tag{2-55}$$

衡量电磁波传播情况的一个重要参数是传播常数 k，也称为波数。电磁波在损耗介质中传播时，其传播常数也是复数形式，可以表示为

$$k = \omega\sqrt{\mu\varepsilon} = k' - jk'' \tag{2-56}$$

式中：k' 为电磁波的相位变化情况，称为相位常数；k'' 为电磁的传播衰减程度，称为衰减常数，电磁波在损耗介质中的传播情况如图 2-3 中所示。

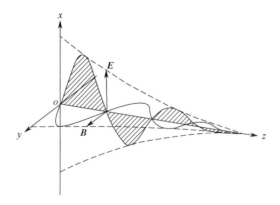

图 2-3 电磁波在损耗介质中的传播示意图

将式（2-36）代入式（2-45）中，可得

$$k' = \omega\sqrt{\frac{\mu'\varepsilon' - \mu''\varepsilon''}{2}\left[\sqrt{1 + (\mu'\varepsilon'' + \mu''\varepsilon')^2} + 1\right]} \tag{2-57}$$

$$k'' = \omega\sqrt{\frac{\mu'\varepsilon' - \mu''\varepsilon''}{2}\left[\sqrt{1 + (\mu'\varepsilon'' + \mu''\varepsilon')^2} - 1\right]} \tag{2-58}$$

则可得到电磁波的表达式为

$$E_x = E_0 e^{-j(k' - jk'')z + \varphi_0} \tag{2-59}$$

对应的时域正弦形式为

$$E_x = \sqrt{2}E_0 e^{-k''z}\cos(\omega t - k'z + \varphi_0) \tag{2-60}$$

2.3 小结

本章通过对电磁波特性和麦克斯韦方程的介绍,分析了电磁波传播基本方程的推导建立过程,探讨了电磁波在介质中的传播特性。根据电磁波在介质分界面处的反射与透射传播现象,基于对电磁波反射与透射传播特性的分析,讨论了电磁波在介质分界面处反射系数与透射系数的变化规律。根据物质结构方程和电磁波在介质中的能量耗散规律,分析了电磁波极化损耗、磁化损耗和欧姆损耗功率密度的变化规律,总结了电磁波在介质中的能量损耗规律,为微波除冰理论分析奠定了理论基础。

第3章 微波除冰磁-热耦合理论

微波除冰技术是一种利用微波与物质相互作用产生热量融化冰层的过程，涉及电磁学、传热学、材料学等多学科，伴随着电磁场交替变换、热量的变换和传递、冰层的相变等过程，可见，微波除冰过程是一个典型的磁-热耦合过程。

本章以经典电磁波理论为基础，结合微波在介质中的传播特性，分析微波除冰过程中非平衡传热过程的变化规律，推导得到微波除冰过程热能平衡方程，建立微波除冰磁-热耦合理论模型。为了便于对道面微波除冰特性进行分析，本书选择 COMSOL Multiphysics 软件为平台，以微波损耗能量方程和非稳态导热方程作为理论基础，结合微波除冰作业特点，建立微波除冰磁-热耦合仿真模型。

3.1 磁-热耦合理论模型

3.1.1 微波传播特性

微波是频率非常高的电磁波，对其频率范围目前没有严格规定，通常情况下将频率在 300MHz~30GHz 之间的电磁波称为微波。微波在电磁波频谱中的位置决定了其许多特点，并使微波技术在军事领域和民用领域具有广泛的应用，如雷达、信息传输、微波加热等。机场道面微波除冰技术就是利用微波热效应加热道面，使道面温度升高，部分热量就会从道面传递给上部冰层，冰层吸收热量后温度升高使道面与冰层脱离，再通过机械外力将脱冰层离冰层破碎并清除，从而达到除冰目的。因此，研究电磁波的传播、反射等特性，理解电磁波与物质相互作用原理是研究机场道面微波除冰的前提和基础。了解机场道面冰层特性，掌握微波加热介质原理，分析机场道面微波除冰过程，是研究机场道面微波除冰的根本和核心。

3.1.2 非平衡传热过程

热力学是热物理学的重要组成部分，它主要是从能量转化的角度研究物质的热性质和热运动的学科，它揭示了能量从一种形式转化为另一种形式而遵循的基本规律。热力学只关注系统整体表现出来的热现象及其遵循的基本规律,而不去追究由大量微观粒子组成的微观结构,是关于热现象的宏观理论。热力学研究热现象的方法是根据观察和试验总结出来的三条基本规律。热力学第一定律是能量守恒定律,热力学第二定律是熵增定律,热力学第三定律是绝对零度不可达到定律。通过这些定律,运用数学方法可描述表示物质热力平衡状态的热力函数——内能和熵函数,再加上与温度相关联的物态方程构就成了描述物质全部平衡性质的物质基础。通过数学推导,可得到物质各种平衡状态之间的关系。

经典热力学通常假定物质处于平衡状态,并且研究的过程假定是无限缓慢的,这就限制了经典热力学的应用范围,使经典热力学只适用于封闭系统和孤立系统。一般而言,自然界中的热现象都是开放的非平衡状态,发生的过程都是不可逆的。对于不可逆过程,经典热力学只能根据热力学第二定律给出一组描述方向的不等式。实际上可逆过程与平衡状态相对应,不可逆过程与非平衡状态对应。因此,人们在分析非平衡状态的热现象时,引入局域平衡假设和耗散结构理论。局域平衡假设是连接平衡状态与非平衡状态的桥梁,其含义是指将研究对象分割成无数多的体积元,体积元足够小,以至于其性质可用其内部某一点附近的性质表示。同时,体积元又足够大,使得其内部包含的分子仍然满足统计意义,并且上述假设的体积元状态满足经典热力学中平衡状态的热力学关系。耗散结构理论是指耗散结构只有通过与外界交换物质和能量才能维持物质的结构。

根据微波与介质相互作用原理可知,微波在介质中的损耗由三部分组成:欧姆损耗、介电损耗和磁极化损耗,其表达式见式(2-51)。在微波除冰过程中,体系处于非均匀电磁场中,涉及的过程都是非平衡过程,体系中所有的物理量(压强、温度、电场强度、磁场强度等)既是时间的函数,又是空间的函数,需要运用非平衡态热力学理论。根据局域平衡态假设,取一小体积元为研究对象,体积元在宏观上足够小,在微观上足够大。根据非平衡态热力学可知,系统在微波作用下热能平衡方程可表示为

$$\rho \frac{\mathrm{d}q}{\mathrm{d}t} = -\nabla \cdot \boldsymbol{J}_q + P_t \tag{3-1}$$

式中:ρ 为系统的密度;$\mathrm{d}q$ 为单位质量元的热能微分形式;$\boldsymbol{J}_q$ 为热流;P_t 为微波损耗功率密度。

式(3-1)的物理意义表示为单位体积系统内能的增加量等于控制边界流入的热流加上边界内容微波产生的热能。

在无电磁场作用时,根据热力学第一定律(能量守恒定理)可知,系

统内能的增加等于系统从外界吸收的热量加上外界对系统做的功。对于一个开放系统，系统内能的变化可来自传热、体积功和化学能变化，其基本形式为

$$\mathrm{d}U = \mathrm{d}q - p\mathrm{d}V + \sum_j \mu_j \mathrm{d}n_j \tag{3-2}$$

式中：$\mathrm{d}U$ 为系统内能变化的微分形式；p 为压强；V 为质量元体积。

微波作用时，微波对系统做功也会引起系统内能的变化。微波除冰过程中，微波对质量元介质做的功为 $E\mathrm{d}P-B\mathrm{d}M$，则内能的微分形式可表示为

$$\mathrm{d}U = \mathrm{d}q - p\mathrm{d}V + E\mathrm{d}P - B\mathrm{d}M + \sum_j \mu_j \mathrm{d}n_j \tag{3-3}$$

系统的比焓 $\mathrm{d}H$ 可表示为

$$\mathrm{d}H = \mathrm{d}U + p\mathrm{d}V + V\mathrm{d}p \tag{3-4}$$

联立式（3-3）和式（3-4），可得

$$\mathrm{d}H = \mathrm{d}q + E\mathrm{d}P - B\mathrm{d}M + \sum_j \mu_j \mathrm{d}n_j \tag{3-5}$$

对于一个封闭系统（$\mathrm{d}n_j = 0$），等压比热 c_p 等于比焓 $\mathrm{d}H$ 关于温度的微分，即

$$c_p = \left(\frac{\mathrm{d}H}{\mathrm{d}T}\right)_p \tag{3-6}$$

将式（3-5）代入式（3-6）中，可得

$$c_p = \left(\frac{\mathrm{d}q}{\mathrm{d}T}\right)_p + E\left(\frac{\mathrm{d}P}{\mathrm{d}T}\right)_{pP} - B\left(\frac{\mathrm{d}M}{\mathrm{d}T}\right)_{pM} \tag{3-7}$$

式（3-7）右边第一项为无微波作用时的比热，第二项和第三项为微波作用对比热产生的影响。

则热能可表示为

$$\mathrm{d}q = c_p \mathrm{d}T \tag{3-8}$$

根据非平衡热力学可知，微波加热时的热流不仅与热传导有关，还与介质极化和磁极化现象有关，因此傅里叶定律不再适用于计算系统的热流。然而，当热力学力很弱时，即系统偏离平衡态很近，开放系统的热力学流和热力学力存在如下唯象关系：

$$J_i = \sum L_{ij} X_j \tag{3-9}$$

式中：J_i 为热力学流；L_{ij} 为唯象系数；X_j 为热力学力。

当 $i=j=k$ 时，L_{kk} 为关联了热力学力 X_k 与相对应的热力学共轭流；当 $i \neq j$ 时，L_{ij} 为不同不可逆过程之间的耦合系数。

根据非平衡热力学，微波除冰过程中，系统的熵源强度，可表示为

$$\sigma_s = -\frac{1}{T^2}J_q - \frac{1}{T}\frac{dP}{dt}\cdot\left(\frac{P}{\chi_e\varepsilon_0} - E\right) - \frac{1}{T}\frac{dM}{dt}\cdot\left(\frac{1+\chi_m}{\chi_m}M - B\right) \quad (3\text{-}10)$$

根据式（3-10），可得到系统热流的唯象方程

$$J_q = -\frac{L_{qq}}{T^2}\nabla T - \frac{L_{qP}}{T}\left(\frac{P}{\chi_e\varepsilon_0} - E\right) - \frac{L_{qM}}{T}\left(\frac{1+\chi_m}{\chi_m}M - B\right) \quad (3\text{-}11)$$

式中：L_{qq} 为温度关联的热力学唯象系数；L_{qP} 为电极化关联的热力学唯象系数；L_{qM} 为磁极化关联的热力学唯象系数。

实际上，导热系数可定义为

$$\lambda = \frac{L_{qq}}{T^2} \quad (3\text{-}12)$$

联立式（3-1）、式（3-11）和式（3-12），可得微波除冰过程中的热能平衡方程，即

$$\rho c_p \frac{dT}{dt} = \nabla\cdot\left[\lambda\cdot\nabla T + \frac{L_{qP}}{T}\left(\frac{P}{\chi_e\varepsilon_0} - E\right) + \frac{L_{qM}}{T}\left(\frac{1+\chi_m}{\chi_m}M - B\right)\right] + P_t \quad (3\text{-}13)$$

3.1.3 磁–热耦合理论模型建立

同一系统内不同运动之间必定相互联系、相互影响，因此，在机场道面微波除冰过程中，微波作用必定影响和改变机场道面的物理性质和热运动。三维磁–热耦合模型是指模型中介质与微波相互作用，微波损耗能量被转化为热能，并同时向周围传导热量。在电磁场的作用下，介质内部发生电子、离子的位移，偶极子的转向（极化和磁化）等过程，微波能量发生损耗，并转化为热量。介质温度升高，改变介质的物理性质状态，电磁特性参数也发生变化，从而影响微波在介质中的损耗功率。这是一个电磁损耗和热能扩散同时发生，相互影响、相互耦合的过程。

因此，本书以电磁波理论和热力学理论为理论基础建立三维磁–热耦合模型。根据电磁波理论，微波在介质中的电磁损耗功率可表示为式（2-51）。根据热力学理论，微波除冰过程中的热能平衡方程见式（3-13）。

联立电磁波理论和热力学理论，建立机场道面微波除冰磁–热耦合理论模型，即

$$\rho c_p \frac{dT}{dt} = \nabla\cdot\left[\lambda\cdot\nabla T + \frac{L_{qP}}{T}\left(\frac{P}{\chi_e\varepsilon_0} - E\right) + \frac{L_{qM}}{T}\left(\frac{1+\chi_m}{\chi_m}M - B\right)\right] +$$
$$\frac{1}{2}\omega\varepsilon_0\varepsilon''E_0^2 + \frac{1}{2}\omega\mu_0\mu''H_0^2 + \sigma E_0^2 \quad (3\text{-}14)$$

由式（3-14）可知，机场道面微波除冰磁-热耦合理论模型通过一组数学符号描述了微波除冰过程中微波能与热能之间的转化，以及热能向冰层传导的过程，理论模型为研究微波除冰技术奠定理论基础。

3.2 磁-热耦合仿真模型

由微波除冰磁-热耦合理论模型可知，该理论模型是一组非线性偏微分方程，现有的数学理论无法完全从数学推导上得到其精确解。随着计算机科学和数值计算理论的发展，可通过计算机建立仿真模型，采用有限元理论计算该模型。据此，本书选择 COMSOL Multiphysics 软件为平台，以微波损耗能量方程和非稳态导热方程作为理论基础，在微波除冰磁-热耦合理论模型的基础上，建立微波除冰磁-热耦合仿真模型。

3.2.1 建模平台

COMSOL 公司于 1986 年在瑞典成立，一直致力于多物理场建模和仿真方案的解决，其旗舰产品 COMSOL Multiphysics 是一款大型的高级数值仿真软件，通过模拟可在计算机上实现真实世界的完美重现，在科学研究和工程计算中具有广泛的应用，被誉为"第一款真正实现多物理场直接耦合的分析软件"。COMSOL Multiphysics 凭借其强大的多物理场耦合建模功能，具有以下显著特点：完全开放的设计理念、简化模型的求解思路、任意独立的函数控制参数、强大的网格剖分能力和丰富的后处理功能。

机场道面微波除冰技术涉及材料学、电磁学、传热学等多种学科，其除冰过程是一个三维非稳态的磁-热耦合过程。微波辐射墙是由多个磁控管阵列组成的，为简化分析问题，不考虑多个不同磁控管之间的相互影响，以单个磁控管为研究对象，分析机场道面微波除冰性能。以 COMSOL Multiphysics 软件为平台，建立道面微波除冰物理模型，赋予物理模型中各部分的材料属性和边界条件，定义微波损耗热源偏微分方程和三维非稳态热传导偏微分方程，联立方程组建立三维磁-热耦合仿真模型，模拟机场道面微波除冰过程。

3.2.2 磁-热耦合仿真模型建立

机场道面微波除冰磁-热耦合仿真模型建立过程如下。

1. 建立模型

以单个磁控管为研究对象，建立机场道面微波除冰三维磁-热耦合模型，模型中包括道面、冰层、磁控管、波导和微波辐射腔。道面模型尺寸为 150mm×150mm×150mm。冰层模型尺寸为 150mm×150mm×15mm，并且其厚度可根据仿真的需要进行调节。辐射腔尺寸为 150mm×150mm×150mm。波导分为两段，矩形段和喇叭辐射段。矩形波导段尺寸为 54.6mm×95.3mm，长度 150mm；喇叭辐射波导段宽口尺寸为 54.6mm×109.2mm，长度为 150mm；辐射腔口距离道面高度为 55mm，并且根据仿真需要其高度可变化。在软件中，为了模拟无限空间微波的辐射情况，在模型中建立阻抗匹配层（PML），其尺寸为 1000mm×1000mm×1000mm。

如图 3-1 所示，喇叭波导端口长边沿 Y 轴方向，短边沿 X 轴方向，各坐标轴方向如示意坐标轴方向所示。为了节约仿真所需的内存及仿真运行时间，考虑到三维模型具有对称性，以模型对称面为界将模型分成两部分，以其中一部分为研究对象，模型对称面为"$Y=0$ 平面"，坐标中心设定在模型对称面内矩形波导和喇叭辐射波导分界面中心位置。

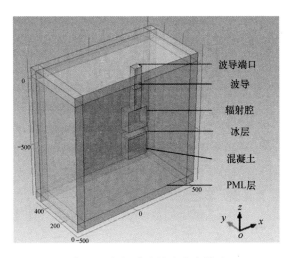

图 3-1　机场道面微波除冰模型

2. 参数设定

环境温度设定为 $-10°C$，且根据研究需要可更改，微波输入功率为 2kW，频率为 2.45GHz。各模型的物理属性由其输入参数确定，在三维磁-热耦合模型中，模型的输入参数主要包括电磁参数和热力学参数。空气的介电常数为 1，其损耗很低，可忽略不计，其他材料的电磁参数见表 3-1，模型中不考虑空气的热传导效应，混凝土表面的换热系数为 $4.74W/(m^2K)$，其他热力学参数见表 3-2。

表 3-1　一些物质的介电参数

材料	相对介电常数 ε'	损耗角 $\tan\delta$	密度/（kg·m^{-3}）
水	76.7	0.157	997
冰	3.2	0.0009	918
混凝土	8	0.048	2300

表 3-2　模型中材料的热力学参数

材料	导热系数/（W/（m·K））	密度/（kg/m^3）	比等压热容/（J/（kg·K））
混凝土	2.37	2300	880
冰	2.31	918	2052
水	0.63	997	4179

在冰融化成水的相变过程中，存在潜在热，即在 0℃ 附近冰水混合物吸收大量热量而温度保持不变。在软件固体传热模块中嵌有相变传热物理接口，通过该物理接口可较好地模拟冰融化成水的相变过程。图 3-2 所示为仿真得到的冰吸收热量融化过程中的温度变化，可以看出在冰融化过程中存在明显的相变潜热过程，在 0℃ 附近有一段时间温度保持不变。

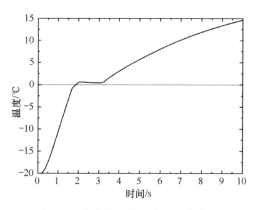

图 3-2　冰水相变过程中的温度变化

3. 网格划分

COMSOL Multiphysics 为用户提供了多种网格划分技巧。在本模型的网格划分过程中，首先进行理论匹配层边界（Perfectly Matched Layer，PML）网格划分，对 PML 层表面进行映射网格划分，分成 5 段，对 PML 层实体进行扫掠网格划分，分成 5 层，并将 PML 层表面的四边形网格转换成三角形网格；然后进行冰层和混凝土网格划分,对冰层与混凝土接触面进行自由三角形网格划分控制冰层和混凝土的网格大小,在此基础上,对冰层和混凝土实体进行自由四面体网格划分;最后,对剩余物理模型进行自由四面体网格划分。

本模型的网格划分图如图 3-3 所示。

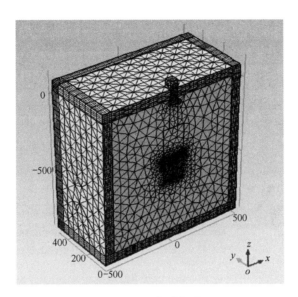

图 3-3　网格划分图

4. 选择求解器

COMSOL Multiphysics 有多种求解器,可分为直接求解器和迭代求解器。求解器的选择可参照以下步骤进行。

(1) 尝试直接求解器 UMFPACK。

(2) 如果 UMFPACK 求解时内存溢出或者矩阵分解交换速度变慢,尝试直接求解器 PARDISO 和 SPOOLES,它们在求解时需要的内存较小,但是稳定性较差,并且 SPOOLES 求解速度慢。

(3) 如果系统是实对称、复数 Hermitian 或复对称,尝试 SPOOLES。

(4) 如果内存仍然溢出或者求解速度太慢,尝试迭代求解器 GMRES 或 FGMRES。

(5) 如果系统是正定并且是实对称或复数 Hermitian,尝试 Conjugate gradient。

根据本模型物理场和网格划分特点,结合计算机配置,本模型采用 UMFPACK 求解器进行求解。

5. 数据后处理

COMSOL Multiphysics 具有丰富的后处理功能，可实现对求解结果的图形化显示。可画出 2D 或 3D 图形、等直线图、箭头图、变形图、流线图、粒子追踪图等，也能播放求解结果随时间或其他参数变化的动画。

3.3 小结

本章以经典电磁波理论和非平衡热力学理论为基础，结合微波在有耗介质中的传播规律，建立机场道面微波除冰磁-热耦合理论模型。以 COMSOL Multiphysics 为平台，建立机场道面三维磁-热耦合仿真模型，为分析微波除冰技术奠定了理论基础。

在理论分析的基础上，以 COMSOL Multiphysics 为平台，建立机场道面微波除冰物理模型，分别经过参数设定、网格划分、选择求解器和数据后处理，得到机场道面微波除冰三维磁-热耦合仿真模型，为机场道面微波除冰技术的仿真研究提供了研究方法。

第4章 机场道面微波除冰机理

机场道面微波除冰方法是利用微波加热技术加热道面，使冰层与道面脱离，再通过其他机械作用将脱离冰层破碎并清除。因此，了解机场道面冰层特性，掌握微波加热原理，分析机场道面微波除冰过程，是研究机场道面微波除冰技术的前提条件；分析微波的传播、反射等特性，理解微波与物质相互作用原理，研究微波除冰过程中的传热规律，是研究机场道面微波除冰技术的理论基础。

机场道面微波除冰的目的是利用微波将道面冰层有效清除，在微波除冰过程中，微波与道面相互作用必须透过冰层才能实现。因此，对微波除冰机理的分析，首先需要掌握机场道面冰层特性，理解冰层与微波相互作用原理，并分析冰层在道面表层的黏附特性；然后在此基础上，研究微波加热特性，分析微波加热技术的理论基础；最后结合冰层特性和微波加热特点，分析机场道面微波除冰机理。

4.1 冰层特性

相关研究表明[53-55]，机场道面上凝结的冰层对道面的使用性能会产生很大影响，分析机场道面冰层特点，主要表现出三种特性：湿滑特性、冻粘特性和透波特性。

4.1.1 湿滑特性

冰层的湿滑特性是指道面被冰层覆盖后，道面表面的摩擦系数大幅降低，严重影响交通安全，主要表现为行车稳定性下降和制动距离增长。由此可见，冰层的湿滑特性是危害交通安全的根本原因。

根据高速公路冰雪的凝结状态，可将冰雪路面分为积雪、积雪下有冰板、冰板和冰膜等几种路面类型。积雪路面是指自然累积的雪颗粒未经融化，未经碾压或轻度碾压形成的路面；积雪下有冰板路面是指部分雪颗粒融化后，又在低温作用下凝结成冰层，形成冰雪覆盖层上部为积雪，下部为冰层的路面；冰板路面是指路面的冰雪覆盖层中没有雪颗粒，只有冰层的路面；冰膜路面是指路面冰层表面在白天融化后，在晚上由于气温低、湿度大，冰层表面的水分无法及时排走，在冰层表面又形成一层薄冰膜的路面。不同类型的冰雪路面，其表面的湿滑程度不同，湿滑程度又能够影响路面的附着系数，因此，不同类型的冰雪路面，其附着系数各不相同。一定的附着系数是保证轮胎与路面之间抗滑性的根本，相关研究人员曾通过试验测定了不同类型路面的附着系数，其结果见表 4-1。

表 4-1　不同类型冰雪路面的附着系数

路面类型	附着系数
干燥路面	0.80~0.90
积雪路面	0.25~0.35
积雪下有冰板路面	0.20~0.30
冰板路面	0.15~0.20
冰膜路面	0.05~0.15

由表 4-1 可知，相对于干燥路面，冰雪天气条件下路面的附着系数大幅降低。其中，冰膜路面的附着系数最低，仅为干燥路面的 10% 左右。路面附着系数降低后，轮胎与路面之间的抗滑性也会降低。车辆在这样条件的路面上行驶时，轮胎的受力大幅降低，而且车辆整体受力不均匀，行车稳定性也受到很大影响，极易引发交通安全事故。

4.1.2　冻粘特性

冰层的冻粘特性是指道面上残留的水分在凝结成冰层的过程中，冰层与道面之间发生黏结的现象。由此可见，冰层的冻粘特性是道面冰层难以清除干净的根本原因。关于冰层的黏附机理，相关研究者进行了一定研究，结果表明冰层的冻粘现象是固体表面能、范德华力和氢键综合作用的结果。固体表面能是指两相接触界面的分子由于受力不均匀，而为了保持界面稳定引起系统自由能的变化。范德华力存在于所有物质中，对于一些中性分子，由于电子没有偏移，所以分子不表现出极性，但是电子在分子中是运动的，并且向原子核一端移动，这就使得分子一端表现出轻微的正极性，另一端表现出轻微负极性。当两个分子靠近时，分子之间就会因为这种轻微的极性力而聚集起来，这种力就称为范德华力。氢键是指水分子中由于氧原子电负性极大，原子半径小，当相邻水分子靠近时，水分子之间便会形成以氢为媒介的化学键。

当水温降至 0℃ 以下时，水分子便会慢慢排列形成有序的晶格，水分子的运动将会减弱，最后只在相对固定的位置上振动运动，此时液态水便会凝结形成固态冰层。冰层中与路面接触的水分子会由于表面能作用吸附在路面上，随着低温的持续作用，水分子间距变小，作用力增大，从而形成一层冻粘层，冰层的黏结模型如图4-1所示。相关研究[56]表明，负温是冰层冻粘现象产生的必要条件，黏结应力与试样的接触面积和冰层厚度无关，但与温度基本呈线性关系，温度越低，黏结应力越大。

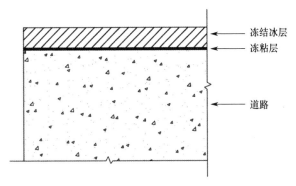

图 4-1 冰层的冻粘模型

水分子的冻结是由内向外发展的，内层的水分子先冻结，冻结时间长，分子间距小，作用力大；外层的水分子后冻结，冻结时间短，分子间距大，作用力小。因此，当冰层较厚时，冰层各部分的冻粘力不相同。此时，冰层的黏结强度主要由强度较弱的冰层部位决定，冰层破坏也是发生在强度较弱的部位。传统的机械除冰法主要是依靠机械外力，从冰层表面开始凿除冰层。由于路面冻结冰层表层的强度低于其内部强度，因而在机械外力作用后，经常在路面上残留一层薄冰难以清除，这对交通安全的危害更大。传统机械法除冰后残留冰层的情况如图4-2所示。

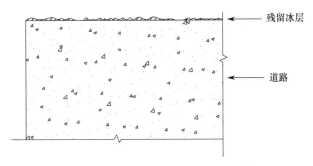

图 4-2 传统机械法除冰后残留冰层的情况

4.1.3 透波特性

微波是一种特殊能源,对其电磁场中的介质具有加热的特性,并且微波加热介质的性能与介质的吸波性能有关。根据电磁波理论,介质对微波的吸收性能以损耗角 $\tan\delta$ 表示,物质对微波的吸收性能越强,$\tan\delta$ 越大。相关研究表明[57],一些物质的介电参数见表4-2,冰的损耗角只有0.0009,远小于混凝土的损耗角0.048。由此可见,冰层对微波的吸收性能非常弱,几乎可忽略不计,表明冰层具有透波特性。这是由于液态水在凝结成冰的过程中,水分子之间形成大量氢键,使水分子之间相互牵制形成空间网状结构,这时冰层中的水分子就不会像液态水中的水分子一样能够自由移动,因此微波无法与冰发生相互作用。微波除冰技术正是利用冰层的透波特性,使微波能够透过冰层与道面发生相互作用,在道面中产生热量融化冰层与道面的黏结层,使冰层与道面脱离。

表4-2 主要物质的介电常数

材料	相对介电常数 ε'	损耗角 $\tan\delta$	密度/(kg/m^3)
水	76.7	0.157	997
冰	3.2	0.0009	918
混凝土	8	0.048	2300

4.2 微波加热特性

微波加热特性是指微波与其电磁场中的物质相互作用,将微波能转换为物质内能,使物质温度升高的特性。微波加热特性与物质的组成特性有关,不同物质与微波的作用机制不同,对微波的吸收性能也不同,因此,微波对不同物质的加热效果也各不相同。根据物质的组成特性,不同物质对微波的损耗可分欧姆损耗、介电损耗和磁极化损耗。微波在良导体表面会产生反射,不会深入良导体内部,因此微波不能加热良导体。

4.2.1 欧姆损耗

欧姆损耗通常发生在具有导电材料的介质材料中,这是由于微波的电磁场在不断变化过程中,在介质材料中感应产生了感应电流,感应电流通过导电材料后会产生欧姆热量,使介质材料的温度不断升高,从而形成材料对微波的欧姆损耗。

4.2.2 介电损耗

介电材料是涵盖范围非常广的材料,除导电材料之外,其他材料几乎都可归为介电材料。当微波入射至介电材料时,在介电材料内部会发生介质极化。介质极化的微观机制为,介质材料内部的电子处于束缚状态,具有可变化的双电中心,即正电荷中心和负电荷中心。在没有电场时,正电荷中心与负电荷中心重合,材料不显电性;在有电场时,正负电荷中心就会随着电场方向发生转移,由重合变为分离,并产生可转动的力矩—电偶极矩,产生微弱的电场。介质极化并非仅仅产生在有双电中心的物质,它可产生在所有物质中,介质极化是一种普遍现象。介质极化的微观机制主要涉及:原子的极化、分子的极化和离子的极化。但是,无论是原子的极化、分子的极化还是离子的极化都是以电子极化为基础,因为原子的极化与电子云的极化是等价的,分子的极化可看作为电子云的极化,离子的极化可考虑为具有键合功能的外层电子极化。

在研究宏观物质的极化时,需要对介质分子的极性加以区分。根据介质中正负电荷中心是否重合,介质分子可分为两类:一类是正负电荷中心重合的非极性分子,如甲烷、氢气等;另一类是正负电荷中心不重合的极性分子,如二氧化碳、水等。一个极性分子相当于一个电偶极子,由于热运动的影响,每个电偶极子的取向是随机的,在单位宏观体积内的电偶极子的取向统计平均值为0,它们产生的电场相互抵消,就是说由极性分子组成的介质也呈电中性。将该类介质放在电场中,电偶极子的取向会随着电场的方向发生偏转,使单位宏观体积内的电偶极子的取向统计平均值不再为0,如图4-3所示。介电材料对微波的损耗来源于极化过程的转动、取向。

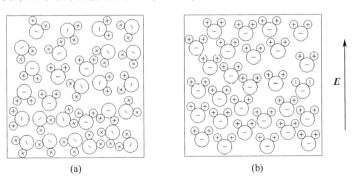

图 4-3 极性电介质极化示意图
(a) 无电场时;(b) 有电场时。

弛豫是从热力学中引入的概念，是指系统从平衡态到非平衡态再到平衡态的过程。对于介电材料来说，突然加上一个电场或者取消一个电场，都会发生弛豫现象。在微波电磁场中的介质，其电偶极子方向必然会随着电场方向发生转动，而微波的电场方向是以微波频率高速交替转向的，随着微波频率的增加，电偶极子转向的速度必然跟不上电场方向转向的速度，出现滞后现象。弛豫过程中电偶极子不断转向引起的损耗就是介电损耗。

4.2.3 磁极化损耗

磁性是物质的基本属性之一，存在于所有物质中。从微观角度看，物质是由原子组成的，原子由原子核和电子组成，核外电子围绕原子核以光速运动，形成电流，从而产生磁矩，当这些磁矩取向相同时，物质就表现出宏观的磁性。磁畴是指磁性材料在自发磁化过程中为降低静磁能而产生分化的方向各异的小型磁化区域，每个区域都包含大量原子，这些原子的磁矩的方向都是一致的，但相邻区域原子磁矩的方向不一致。各磁畴之间的交界面成为磁畴壁。宏观物质一般具有很多磁畴，磁畴的方向各不相同，结果相互抵消，其矢量和为 0，对外不显磁性。当有外磁场时，其磁畴的自磁化方向会随着外磁场方向发生转向，发生磁极化现象，对外显示磁性，这与介质极化比较相似。

当磁性物质处于微波的电磁场中时，其磁畴结构磁矩方向会随着微波磁场方向产生转动产生磁感应强度，由于微波磁场方向是以微波频率交替转向的，因而磁感应强度方向也会跟随转变。随着微波频率增加，磁感应强度方向变化会落后于微波磁场方向变化一个相位，产生磁滞现象。一般磁性材料还是介电材料，因此微波场中的磁性材料一般还会产生涡流损耗。同时，在微波磁场变化过程中，不仅产生磁滞损耗、涡流损耗，还会产生磁壁共振、自然共振等损耗。这些损耗可称为磁极化损耗。

总而言之，微波加热特性就是通过微波与物质相互作用，产生欧姆损耗、介电损耗和磁极化损耗，将微波能转化为物质内能，使物质温度升高，通常这三类损耗是同时发生的，很难完全区分。由微波加热特性可得出，微波加热具有以下四个特点。

（1）微波加热后不会产生对大气和环境有害的物质，清洁环保，无污染；

（2）微波加热的介质内外同时加热，加热速度快，热能利用率高；

（3）相对于红外加热，微波加热渗透深度大，加热效率高；

（4）微波加热预热时间短，一般磁控管开机十几秒后就可正常工作，关机后立即停止加热，便于对加热过程智能精确地控制。

4.3 微波除冰原理

通过分析冰层特性可知,冰层具有透波特性,冰层对于微波几乎是"透明"的,微波能够透过冰层与机场道面相互作用。通过分析微波加热特性可知,微波对其电磁场中的介质具有加热的特性,结合表4-2中混凝土的损耗角$\tan\delta$,表明混凝土在微波作用下具有一定的发热效率。微波透过冰层与机场道面相互作用,将微波能量转化为热量,利用该热量融化冰层与道面的黏结层,从而使冰层与道面发生脱离,这就是机场道面微波除冰机理。微波除冰的示意图如图4-4所示。

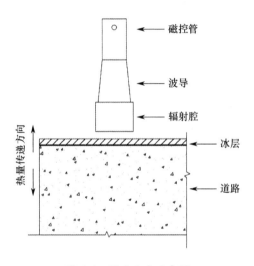

图 4-4 微波除冰示意图

将具有微波激发的辐射装置置于道面冰层上后,微波会在辐射腔内激发并后向道面辐射。由于冰层吸收微波的能力较弱,微波会透过冰层直接作用在道面上,道面在微波作用下温度不断上升,从而在冰层与道面之间产生温度差形成温度梯度。在温度梯度作用下,冰层会通过热传导方式不断地从道面吸收热量。冰层吸收热量后,其温度逐渐升高,导致冰层与道面之间的冻粘力逐渐减小。当冰层与道面之间冻粘层的温度达到0℃时,冻粘层融化成水,此时,冰层就"浮"在道面上,再通过其他机械作用将冰层破碎并清除,这样道面积冰就会比较容易被清除干净。

4.4 小结

本章分析了机场道面上凝结的冰层具有三种特性：湿滑特性、冻粘特性和透波特性。其中，冰层的湿滑特性是危害交通安全的根本原因，冰层的冻粘特性是道面冰层难以被彻底清除干净的根本原因，冰层的透波特性是微波除冰技术应用的基础。

微波对其电磁场中的物质具有加热的效应，根据物质的组成特性，不同物质对微波的损耗可分欧姆损耗、介电损耗和磁极化损耗三类。

冰层具有透波特性，冰层对于微波几乎是"透明"的，微波能够透过冰层与机场道面相互作用。因此，微波能够透过冰层加热混凝土道面，实现机场道面除冰。

第二篇

机场道面微波除冰试验分析

第5章 机场道面混凝土配合比设计

微波是能量形式的一种，微波与介质相互作用的过程是能量相互转化的过程。机场道面微波除冰技术就是通过微波与道面相互作用的过程，将微波能转化为冰层融化所需的热能，其中，混凝土吸收微波产生热量是微波除冰技术的核心，因此，混凝土的吸波性能是影响机场道面微波除冰性能的关键因素。混凝土是由多种原材料按照一定成型工艺组合形成的混合物，其性能与原材料基本性质和成型工艺密切相关，据此，分析混凝土原材料的基本性能，设计不同类型混凝土的配合比，确定混凝土的成型工艺，为研究混凝土吸波特性奠定物质基础。此外，为了改善混凝土吸波特性，将骨料吸波材料、粉体吸波剂掺料和纤维吸波剂掺料分别掺入混凝土中，将制备的混凝土分别定义为磁铁矿骨料混凝土、粉体吸波剂改性混凝土和碳纤维改性混凝土。

本章首先分析混凝土各原材料的基本性能；然后以复合材料设计原理为基础，进行机场道面混凝土配合比设计，确定机场道面混凝土制备流程及成型工艺；最后对混凝土的力学性能测试、电磁参数测试和微波除冰试验等相关试验内容进行设计，为研究机场道面微波除冰技术提供相关技术基础。

5.1 机场道面混凝土原材料

混凝土原材料主要包括：水泥、粗骨料、细骨料、减水剂、吸波材料和水。在混凝土中，粗骨料和细骨料起骨架作用，水泥和水发生水化反应形成水泥浆，包裹在骨料表面起润滑和胶结作用，吸波材料是为了改善混凝土吸波特性而掺入混凝土中的外掺料。因此，水泥基原材料是形成机场道面混凝土强度特性、耐久性能和吸波性能的基础，必须对其规格进行严格控制，使其满足相关规范要求。本书采用原材料的技术指标及各组分具体要求如下。

5.1.1 水泥

混凝土是以水泥为胶凝材料将各组分材料黏结起来形成的整体，水泥的黏结强度是形成混凝土强度的核心，因此，水泥的强度和等级是影响混凝土强度的重要因素之一。此外，混凝土的其他性能，如干缩、徐变、耐磨性等，与水泥的物理化学特性也具有密切联系。机场道面混凝土要求具有抗折强度高、干缩性小、耐磨性优和耐久性好等特点。因此，在选用水泥时，除了需考虑其强度和等级外，还需对其细度、安定性和化学特性等进行严格控制，使其满足相关规范要求。一般为：优先选用硅酸盐水泥、普通硅酸盐水泥；水泥强度等级多选为42.5MPa。在条件允许情况下，尽量选强度等级低的水，减少混凝土干缩；控制好水泥的细度，细度太小，需水量增大，水泥凝结速度过快。水化热集中，容易产生温度裂缝，细度太大，难以发挥水泥活性；水泥的含碱量（$Na_2O+0.658K_2O$）不得大于0.60%；控制好水泥的凝结时间，使其满足机场道面混凝土施工的需要。

本书采用陕西耀县秦岭牌42.5R普通硅酸盐水泥，具体指标见表5-1。

表5-1 水泥具体指标

密度/(g/cm^3)	标准稠度需水量/%	80μm筛余量/%	安定性	凝结时间		抗折强度/MPa		抗压强度/MPa	
			沸煮	初凝	终凝	3d	28d	3d	28d
3.1	27.5	1.5	合格	2h10min	5h10min	5.2	8.5	28.5	48.6

5.1.2 粗骨料

骨料体系在混凝土中起着骨架支撑作用，是形成混凝土各项性能的基础。其中，粗骨料是骨料体系的主要组成部分，其类型、粒形及级配对混凝土的强度、干缩、徐变和耐久性等性能都会产生很大的影响。此外，骨料价格相对较低，取代部分水泥后能够降低混凝土造价。因此，选择品质合格的骨料具有十分重要的技术和经济意义。

根据机场道面水泥混凝土配合比设计要求，粗骨料粒径范围应为5~40mm。结合工程实际，机场道面混凝土粗骨料的选用标准。一般可归纳为：质地坚硬未经风化，洁净，耐久性好，并具有一定的级配；一般宜采用带有棱角的碎石或破碎卵石，条件不具备时，也可采用卵石；力学性能稳定，吸水率小，压碎指标低；级配尽量采用连续级配，孔隙率小，配置的混凝土密实，流动性好，不易发生离析现象。

本书试验中采用的粗骨料为泾阳石灰岩碎石，如图5-1所示，5~10mm、10~20mm、20~40mm三级配。根据粗骨料混合密度最大原则，采用优化法确定石子三种级配的最佳配比为1:2:2，其级配曲线如图5-2所示，石子密度为$2.71g/cm^3$，堆积密度为$1.63g/cm^3$，针片状颗料含量为5.4%，压碎指标为11.2%。

图 5-1　石灰岩碎石

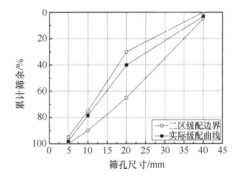

图 5-2　粗骨料级配曲线

5.1.3　细骨料

细骨料在骨料体系中填充粗骨料间隙，使得骨料体系在混凝土中更加紧密。根据机场道面水泥混凝土配合比设计要求，细骨料粒径范围应为 0.16~5mm，骨料的粒形会影响混凝土拌合物的流动性，其杂质含量会直接影响混凝土的强度和耐久性。因此，机场道面混凝土采用的细骨料需满足以下要求：宜优先采用天然河砂，要求质地坚硬、清洁、耐久且级配良好，粗、中砂，含泥量不大于3%。

本书试验中采用的细骨料为陕西西安灞河中砂，密度为 2.63g/cm^3，堆积密度为 1.50g/cm^3，细度模数为 2.78，含泥量为 1.1%，二区级配合格，其级配曲线如图 5-3 所示。

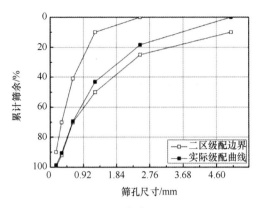

图 5-3 细骨料级配曲线

5.1.4 减水剂和水

减水剂是指在混凝土和易性和流动性不变的情况下,为了减少拌合用水量、提高混凝土强度而加入混凝土中的外加剂。本书采用的减水剂为陕西中易化工有限公司生产的 PCA 型聚羧酸减水剂,减水率为 35%,按水泥质量的 1% 掺入。拌合用水为西安自来水公司供应的饮用自来水。

5.1.5 吸波材料

1. 骨料吸波材料

骨料吸波材料是指既具有较强吸波损耗功能,又具有优异力学性能的骨料碎石材料。将骨料吸波材料掺入混凝土中,既可以作为吸波材料改善混凝土的吸波特性,又可以作为骨料材料在混凝土发挥骨架作用,实现混凝土吸波功能和结构强度的综合统一。

由于磁铁矿具有较强的磁性,在微波场中具有较强的微波损耗能力,并且还具有比较优异的力学性能。因此,采用磁铁矿作为骨料吸波材料。本书采用的磁铁矿产自河南巩义,为单一磁铁矿。综合考虑机场道面建设标准对混凝土粗骨料粒径的要求,本书采用的磁铁矿碎石粒径范围为 5~8mm、10~16mm、16~32mm,如图 5-4 所示。

本书机场道面混凝土配制强度为 C50,采用的碎石骨料要求坚固、洁净、无风化,各项性能指标均满足技术规范《建筑用卵石、碎石》(GB/T 14685—2001) 中规定的 Ⅱ 类指标要求,本书采用的磁铁矿经过检测,各项技术指标见表 5-2。

图 5-4 磁铁矿碎石

(a) 16~32mm；(b) 10~16mm；(c) 5~8mm。

表 5-2 磁铁矿技术指标检测结果

试验指标	试验结果	规范要求	试验标准
含泥量/%	0.1	≤1	GB/T 14685—2001
针片状颗粒含量/%	1.3	≤15	GB/T 14685—2001
压碎指标/%	5.2	≤20	GB/T 14685—2001
硫化物及硫酸盐（按 SO_3 质量计）/%	0.3	≤1	GB/T 14685—2001

由表 5-2 试验检测结果可知，本书采用磁铁矿的各项技术指标均符合技术规范《建筑用卵石、碎石》（GB/T 14685—2001）中规定的Ⅱ类指标要求，可作为机场道面混凝土的骨料材料。

根据粗骨料混合密度最大原则，采用优化法确定磁铁矿碎石三种级配 16~32mm、10~16mm、5~8mm 的比例为 6∶3∶1。磁铁矿碎石和石灰岩碎石的表观密度和堆积密度测试结果见表 5-3，由测试结果可知，磁铁矿碎石的表观密度是石灰岩碎石的 1.25 倍，堆积密度是石灰岩碎石的 1.23 倍。

表 5-3 密度测试结果

碎石种类	表观密度/（g/cm³）	堆积密度/（g/cm³）
磁铁矿碎石	3.38	2.07
石灰岩碎石	2.71	1.68

对磁铁矿碎石进行筛分，其结果见表 5-4。

表 5-4　磁铁矿碎石粒径筛分结果

公称粒径/mm	累计筛余，按质量计/%						
	筛孔尺寸（方孔筛）/mm						
	2.36	4.75	9.50	16.00	19.00	26.50	31.50
5~8	98	89	0	—	—	—	—
10~16	—	100	95	0	—	—	—
16~32	—	—	100	93	85	15	3

2. 粉体吸波剂掺料

粉体吸波剂掺料是指以粉体状态存在，具有较强吸波损耗能力的水泥外掺料，本书掺加的粉体吸波剂掺料包括石墨和铁黑粉体材料。

石墨粉体吸波剂掺料如图 5-5 所示，普通鳞片石墨，石墨纯度不小于 99%，平均粒度不大于 71μm。石墨具有相当高的导电性，其导电性是碳素钢的 2 倍，是不锈钢的 4 倍，是一般非金属的 100 倍。当石墨置于电磁场中时，变化的电磁场会在石墨中产生感应电流发生电损耗，将电能转化为热能。

铁黑粉体吸波剂掺料如图 5-6 所示，铁黑的化学式为 Fe_3O_4，是一种黑色固体粉末，由于具有强磁性，常被用来制作录音磁带和电信器材的原材料。另外，它还是导体，因为 Fe^{2+} 和 Fe^{3+} 在八面体位置上基本上是无序排列的，电子可在 Fe^{2+} 和 Fe^{3+} 之间迅速转移，所以它还具有一定的导电性。将铁黑颗粒置于电磁场会同时发生电损耗和磁损耗，将电磁能转化为热能。

图 5-5　石墨吸波剂掺料

图 5-6　铁黑吸波剂掺料

3. 纤维吸波剂掺料

纤维吸波剂掺料是指以纤维状态存在，具有较强吸波损耗能力的水泥外掺料。碳纤维具有比重小、强度高、弹性模量大、导电性强、电磁性能优的特点，在吸波材料研究中一直受到研究人员的青睐。将碳纤维掺入复合材料中，不仅会提升材料的电磁性能，而且还会改善材料的力学性能。本书选择碳纤维作为纤维吸波剂掺料，将其掺入混凝土中制备碳纤维改性混凝土。

由于碳纤维性能具有方向性，因而碳纤维的长径比和分散状态都会改变复合材料的电磁性能。一般情况下，碳纤维的长径比越大，在复合材料中越易搭接形成通路，对材料电磁性能改善效果越佳。但是，当碳纤维掺量较高时，由于碳纤维之间距离较短，长径比对材料电磁性能影响不大，反而长径比越大的碳纤维在复合材料中越难分散均匀。相关研究表明，2~4mm 的碳纤维在基体中比较容易分散均匀，而 4~6mm 的碳纤维在基体中比较容易凝聚成团。据此，本书不考虑长径比对混凝土电磁性能的影响，本书采用海宁安捷复合材料有限责任公司的土耳其碳纤维，长度 3mm，拉伸强度 3107MPa，弹性模量 23GPa，如图 5-7 所示。

图 5-7　碳纤维

5.2　机场道面混凝土配比设计

本书以吴中伟提出的高性能混凝土配合比法则为基础，结合空军工程大学工程学院马国靖、王硕太等多年来的研究成果，采用绝对密实体积法，进行机场道面混凝土配合比设计，通过试拌调整得到混凝土的基准配合比。在此基础上，分别进行磁铁矿骨料混凝土配合比设计、粉体吸波剂改性混凝土配合比设计和碳纤维改性混凝土配合比设计。

5.2.1 基准配合比

根据机场道面混凝土配合比设计方法及有关经验公式计算得到,水灰比 0.42,砂率 29%,水泥用量 320kg/m³,减水剂掺量为水泥用量的 1%。根据试拌需要,再选取了水灰比 0.40 和 0.44,砂率 27% 和 31%,共进行了 9 组试拌试验,试验结果见表 5-5。

表 5-5 试拌结果

编号	水灰比	砂率/%	维勃稠度/s	28d 抗折强度/MPa	28d 抗压强度/MPa
1	0.40	27	40	5.76	55.54
2	0.40	29	32	6.04	58.32
3	0.40	31	36	5.88	57.64
4	0.42	27	25	5.69	54.32
5	0.42	29	18	5.89	59.93
6	0.42	31	24	5.62	54.65
7	0.44	27	20	5.20	46.88
8	0.44	29	15	5.56	50.49
9	0.44	31	10	5.28	47.28

由表 5-5 可知,编号 1、2、3 的维勃稠度太高,拌合物流动性不佳,难以满足机场道面施工的要求。编号 7、8、9 的强度较低,这是由于水灰比较高,水化反应多余的水分残留在混凝土内部,形成缺陷,降低混凝土的强度。在编号 4、5、6 中,编号 5 的强度最高,其流动性也最佳,综合考虑配制混凝土的强度、工作性及经济性要求,本书选用编号 5 的配合比为混凝土基准配合比,1m³ 混凝土中各组分材料用量见表 5-6。

表 5-6 基准配合比   单位:kg

水泥	水	大石	中石	小石	砂	减水剂
320	134	578	578	289	566	3.2

5.2.2 磁铁矿骨料混凝土配合比

以基准配合比为基础,磁铁矿碎石等体积置换石灰岩碎石,磁铁矿掺量分别设计为 30%、60% 和 100%,其编号分别为 MC-1、MC-2 和 MC-3,普通混凝土编号为 PC，则 $1m^3$ 磁铁矿骨料混凝土的配合比见表 5-7。

表 5-7　磁铁矿骨料混凝土配合比设计　　　　　　单位：kg

编号	水泥	石灰岩碎石			磁铁矿碎石			砂	水	减水剂
		大石	中石	小石	大石	中石	小石			
PC	320	578	578	289	0	0	0	566	134	3.2
MC-1	320	620	310	103	331	165	55	566	134	3.2
MC-2	320	353	177	59	660	330	110	566	134	3.2
MC-3	320	0	0	0	1096	548	183	566	134	3.2

5.2.3　粉体吸波剂改性混凝土配合比

针对石墨和铁黑两种粉体吸波剂掺料，分别采用单掺和复掺两种方式，将吸波剂掺料掺入混凝土中。

单掺粉体吸波剂掺料的配合比设计。石墨吸水性相对较大，掺入到混凝土中后，混凝土拌合物的流动性会大幅降低，以基准配合比中水泥粉末的掺量为基准，石墨的掺量分别为 2%、4%、6%、8% 和 10%，其编号分别为 CC-1、CC-2、CC-3、CC-4 和 CC-5。混凝土中掺入铁黑后，其流动性在一定程度上也会降低，但是其降低的程度较石墨低，同样，以基准配合比中水泥粉末的掺量为基准，铁黑的掺量分别为 3%、6%、9%、12% 和 15%，其编号分别为 FeC-1、FeC-2、FeC-3、FeC-4 和 FeC-5。

复掺粉体吸波剂掺料的配合比设计。改善机场道面混凝土微波除冰性能，不仅要提高混凝土材料对微波的损耗能力，同时还要减少微波在混凝土表面的反射率，即改善混凝土表面的阻抗匹配性能。相关研究表明[58]，要使混凝土表面的阻抗匹配性能达到最佳，就要使其电损耗能力和磁损耗能力接近。根据石墨和铁黑对微波损耗机理可知，石墨对微波的损耗主要是电损耗，而铁黑对微波的损耗主要是磁损耗。由此可知，将石墨和铁黑粉体掺料以复掺的方式掺入到混凝土中，在一定程度上可改善混凝土表面的阻抗匹配性能。以水泥粉末的掺量为基准，复掺粉体吸波剂掺料的总掺量为 6%，分别设计三个掺量，石墨∶铁黑＝2%∶4%、石墨∶铁黑＝3%∶3%、石墨∶铁黑＝4%∶2%，其编号分别为 CFeC-1、CFeC-2、CFeC-3。

5.2.4　碳纤维改性混凝土配合比

进行纤维改性混凝土配合比设计时，以混凝土体积为基数，结合混凝土基准配合比，将碳纤维体积掺量分别设计为 1‰、3‰ 和 5‰，其编号分别为 CFC-1、CFC-2 和 CFC-3。

5.3 搅拌及成型工艺

5.3.1 搅拌

在混凝土的制备过程中，搅拌工艺是一个十分重要且非常复杂的问题。混凝土各组分原材料只有通过充分搅拌使其混合均匀，才能获得性能稳定、颜色均匀的混凝土拌合物。当混凝土中掺入一定量外掺料时，外掺料在混凝土中的分散性直接决定了其性能发挥的效果。因此，混凝土搅拌的目的不仅在于各组分材料的混合均匀，同时还要考虑外掺料在混凝土中的分散性。为了使外掺料在混凝土中能够充分分散，需要对搅拌过程中的一些工艺参数进行控制。混凝土搅拌工艺参数包括搅拌时间和投料顺序。搅拌时间不能太短，否则会使各组分材料不能充分混合均匀，外掺料也不能充分分散，影响混凝土质量；搅拌时间也不能太长，太长的话会使各组分材料趋于各自不同的运动造成拌合物离析，影响混凝土强度，因此，混凝土的搅拌时间存在一个适宜值。投料顺序也会对混凝土性能产生一定的影响，不同的投料顺序会使水泥浆包裹砂石程度和比例不同，影响拌合物的工作性，从而影响混凝土强度的发展。

本试验采用 HJW-60 型强制单卧式混凝土搅拌机进行搅拌，如图 5-8 所示。参考相关文献，结合吸波材料的特点，确定混凝土的搅拌时间为 3.5min。投料顺序采用水泥裹砂石法投料法，具体流程如图 5-9 所示。采用这种投料顺序可在砂石表面形成一层低水灰比的水泥浆壳，从而保证了砂石表面有足够的水泥浆层，使混凝土泌水少、工作性好、不易发生离析现象。

图 5-8 混凝土搅拌机

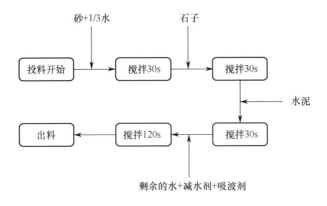

图 5-9 混凝土搅拌过程

5.3.2 成型

混凝土搅拌机搅拌结束后，将拌合物倒入铁皮托盘上，并用铁锹人工翻动拌合物，观察其流动性。如果拌合物流动性不满足设计要求，则重新调整；如果满足设计要求，则将拌合物装入模具中，然后在混凝土振动台上振动 120s。振动结束后，首先将装有试件的模具放入标准养护室内（温度为 (20±2)℃，湿度不小于 95%），24h 后取出试件进行脱模，并根据试件类型进行编号；然后将编号后的试件重新放入标准养护室内，养护 28 天后取出试件，根据试件类型进行相应的试验。试件的成型工艺相关设备如图 5-10 所示。

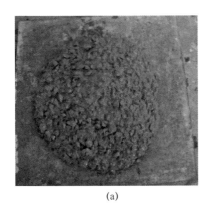

(a)

(b)

(c)　　　　　　　　　　　　　　(d)

图 5-10　混凝土成型工艺相关设备
(a) 混凝土拌合物；(b) 混凝土振动台；(c) 标准养护箱；(d) 脱模空压机。

5.4　小结

本章分析了混凝土各原材料的基本性能，然后以复合材料设计原理为基础，进行机场道面混凝土配合比设计，确定机场道面混凝土制备流程及成型工艺。

混凝土原材料主要包括：水泥、粗骨料、细骨料、减水剂、吸波材料和水。吸波材料包括骨料吸波材料、粉体吸波材料和纤维吸波材料。分析混凝土各原材料的基本性质，均满足相关标准要求。

采用绝对密实体积法进行配合比设计，得到机场道面混凝土的基准配合比。为改善混凝土吸波特性，将不同吸波材料掺入混凝土中，以混凝土基准配合比为基础，分别确定了磁铁矿骨料混凝土配合比、粉体吸波剂改性混凝土配合比和碳纤维改性混凝土配合比。结合机场道面混凝土的组成特点，确定了其制备流程和成型工艺。

第6章 试验方案与微波除冰效率

6.1 试验方案

本书试验主要包括两部分,一部分是测试材料的力学性能,另一部分是测试材料的电磁特性和微波除冰性能。本节将详细介绍相关试验的测试技术。

6.1.1 力学性能测试

混凝土是机场道面的主要铺筑材料,其力学性能主要包括强度特性和耐磨特性,其中强度特性包括抗折强度和抗压强度。混凝土抗折强度和抗压强度的测试方法依据《普通混凝土力学性能试验方法》(GB/T50081—2002)进行。抗折强度试验在 MTS810 材料试验机上进行,如图 6-1 所示,试件尺寸为 100mm×100mm×400mm,采用三分点法进行加载,以位移方法控制加载速率,加载速率控制为 5mm/min。抗压强度试验在 200 吨位的抗压试验机上进行,如图 6-2 所示,试件采用抗折试件的断头,其尺寸为 100mm×100mm×100mm。

图 6-1　抗折试验机　　　　　图 6-2　抗压试验机

作为机场道面的铺筑材料,除了需满足强度特性之外,还需满足耐磨特性。依据《混凝土及其制品耐磨性试验方法》(GB/T 16925—1997),采用滚珠轴承法对磁铁矿骨料混凝土的耐磨特性进行测试,试验设备为同济大学附属工厂生产的 NS-2 型滚珠式耐磨试验机,如图 6-3 所示。

图 6-3　耐磨试验机

试件滚磨结束后,分别在两个相互垂直的方向上,采用百分表测量磨槽深度,取 4 次测量结果作为磨槽深度试验结果,精确到 0.01mm。耐磨试验结果以耐磨度为标准,其计算公式为

$$I_a = \frac{\sqrt{R}}{P} \qquad (6-1)$$

式中:I_a 为耐磨度,精确至 0.01;R 为磨头转速(kr/min);P 为磨槽深度(mm)。

每组试验测试 5 个试件,首先计算其耐磨度;然后去掉耐磨度最大值和最小值,试验结果取其他 3 个试件耐磨度的平均值。

6.1.2　电磁参数测试

根据电磁波理论,微波在介质中的传播规律与介质的电磁特性密切相关,而电磁参数是衡量介质电磁特性的重要参数。因此,介质电磁参数的测量对于优化微波设计、制备新型高性能吸波材料具有十分重要的意义。介质电磁参数主要包括介电常数和磁导率。一般情况下,介质都是有损耗的,这时电磁参数是复数形式,包括复介电常数和复磁导率。根据微波加热的特点,综合考虑效率和成本的影响,机场道面微波除冰采用的微波频率为 2.45GHz。因此,测量机场道面混凝土在频率 2.45GHz 附近的电磁参数,对于优化混凝土配合比设计,改善混凝土吸波特性,提高微波除冰效率具有一定意义。

本书采用矩形波导传输/反射法测量混凝土的电磁参数。矩形波导传输/反射法是电磁参数测试网络法中相对简单并且精度比较高的一种,实际上是一种双端口互易网络测试法,该方法是将待测介质均匀地填充于波导传输线中,微波在传输过程中遇到介质时会发生反射和透射现象,然后利用矢量网络分析仪扫频功能测试得到微波传输的参数 S，再根据测得的参数 S 反演推算得到介质的电磁参数。矩形波导传输/反射法具有测试速度快操作简单、无辐射损耗、测试精度高等优点，是目前众多电磁参数测试方法中研究最多、应用最广泛的。在国内外吸波材料的研究中都采用这种方法。但这种测试方法也具有一定缺点：厚度谐振问题和多值问题。当待测介质的厚度小于波长时可很好地解决这两个问题，但是当厚度大于波长时就需要采取一定方法减小这两个问题的误差。厚度谐振问题可根据文献提出来的反算法计算中间因子 n 解决，多值问题可采用群时延方法解决。

如图 6-4 所示，矩形波导传输/反射法电磁参数测试系统由矢量网络分析仪、测试夹具、测试分析软件和同轴电缆等组成。由于材料的电磁参数与材料本身的温度有关，本书采用低温试验箱（图 6-7）来控制材料本身的温度。矢量网络分析仪型号为 R&S ZND，双端口网络分析仪，适合 100kHz~4.5GHz 频率范围内的单向测试，动态范围高达 120dB，功率扫描范围高达 48dB。测试夹具为成都天衡电子科技有限公司生产的混凝土电磁参数专用测试夹具，同时编写了配套的电磁参数测试分析软件，如图 6-5 所示。同轴电缆型号为 HU-BER + SUHNER SF 126E，经过专门电磁屏蔽检测合格。测试系统的指标为：频率范围 1.7~2.6GHz；电磁参数测试范围 $\varepsilon'_r = 2\sim100$，$\varepsilon''_r = 0.2\sim200$，$\mu'_r = 0.5\sim10$，$\mu''_r = 0.02\sim20$。该测试系统的优点为：连续扫频测试，适合高损耗材料（吸波材料）的复介电常数测试，测试夹具加工相对比较简单，测试成本较低。其缺点为：对低损耗材料的测量精度不高，测试之前需要对系统进行专门的校准。

图 6-4 混凝土电磁参数测试系统

图 6-5 传输反射电磁参数测试软件主界面

微波反射率可定义为反射功率与入射功率的比值。反射率越大，表示介质吸收微波的能力越弱；反射率越小，则表示介质吸收微波的能力越强。依据矩形波导传输/反射法测试电磁参数的原理可知,传输系数 S_{11} 的平方可代表反射功率与入射功率的比值,将反射率表示为 dB 形式,则其结果为

$$\Gamma = 20\lg(S_{11}) \tag{6-2}$$

混凝土电磁参数测试步骤如下。

(1) 试件制备。依据 WR 波导国际标准,1.7~2.6GHz 频率段为电磁波 R 波段,波导标准为 430,波导口尺寸为 109.22mm×54.61mm。据此,委托波导仪器加工厂生产试件模具,模具尺寸为 108.22mm×53.61mm×40.00mm,误差 ±0.5mm。为了保证测试精度,在测试之前需要对混凝土表面进行打磨,使混凝土表面平整度达到 ±0.05mm,混凝土磨平机如图 6-6 所示。试件打磨结束后自然风干,然后将试件放入低温试验箱中(图 6-7),并调整好低温试验箱温度。为了保证试件温度的准确性,要求试件从低温箱取出后在 30s 内测试完成。

图 6-6 混凝土磨平机

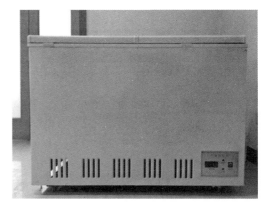

图 6-7 低温试验箱

(2) 校准。本系统中定制了 TRL 校准件,在做校准之前,需在矢量网络分析仪中添加 TRL 校准件的信息,添加的方法如下:

① 单击矢网前面板的"Cal"按钮并选择"Cal Device"选项中,单击"Cal Connector Type"按钮,单击"add"按钮,并输入需要添加的校准件接头类型,如 WR430;

② 在"Cal Device"选项中选择"Cal Kit"。首先选中步骤①中添加的接头类型,在界面右侧单击"add"添加一个可用的校准件,并编辑名称;

③ 单击"standards"按钮;

④ 在一端口标准件中添加"Reflect",单击"View/Modify"按钮,并设置为"short"类型;

⑤ 在双端口标准件中添加"Through"标准件,并使用默认设置;

⑥ 在双端口标准件中添加"Line1"标准件,修改相应的 delay 值;delay = line 校准件厚度/c。如本系统中,line 校准件的厚度为 36.9mm,因此 delay = 0.0369/c = 123.09ps。

矢量网络分析仪进行一次校准件设置即可,以后可反复调用。

(3)检验。由于四氟乙烯垫片具有稳定的物理性质和化学性质,电磁参数测试系统常采用标准四氟乙烯试件来检验测试系统的测试精度,混凝土电磁参数测试系统的核验结果,如图 6-8 所示。

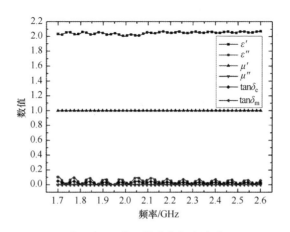

图 6-8 四氟乙烯试件核验结果

由图 6-8 可知,四氟乙烯试件电磁参数测试结果显示,复介电常数的实部为 2,虚部几乎为 0;复磁导率的实部为 1,虚部为 0,测试结果与四氟乙烯的标准参数比较接近,表明该电磁参数测试系统具有较高的测试精度。

(4)开始测试。"开始测试"按钮定义了如下步骤,用户只需单击该按钮,程序会自动完成下述所有操作。

① 提示用户连接好被测件,若确认连接好被测件,测试过程继续;

② 控制矢网测量参数 S;

③ 将测量的参数 S 结果按照 .S2P 文件格式写入项目文件夹,D:/TR-Mcthod/;

④ 将参数 S 结果及参数设置界面输入的参数代入专用算法中计算电磁参数;

⑤ 将最终计算的电磁参数结果存入数据库;

⑥ 画图,将电磁参数结果以曲线的形式展示在主界面的图形显示区域。

6.1.3 微波除冰试验

由于微波除冰试验一直以来没有统一的标准，缺乏系统的设计，本书结合机场道面微波除冰的特点，自主设计了微波除冰简易试验装置，并委托上海赛涵有限公司进行加工。如图 6-9 所示，微波除冰简易试验装置由磁控管、辐射型波导、辐射腔、风冷系统、支架和远程控制器组成，微波频率为 2kW，辐射型波导尺寸为上端 54.6mm×95.3mm，下端 54.6mm×109.2mm，辐射腔尺寸为 150mm×150mm×15mm，辐射腔口高度可通过螺杆进行调节。同样采用低温试验箱（图 6-7）制备试件冰层，其最低温度可达到 -40℃。微波系统远程控制器如图 6-10 所示。由于普通电阻类温度传感器是通过电流信号测量物理温度变化的，但是微波对电流的传输会产生干扰。因此，本书采用 YT-PL 无源光纤温度传感器测量试件表面的温度变化，如图 6-11 所示，并采用无纸记录仪存储温度数据，如图 6-12 所示。

图 6-9 微波除冰室内试验简易装置图

图 6-10 微波系统远程控制器

图 6-11 YT-PL 光纤温度传感器

图 6-12 无纸记录仪

试件表面的冰层制备是微波除冰试验准备过程中比较关键的一步。由于水具有流动性，为了在试件表面冻制一定厚度的均匀冰层，首先要解决的问题是如何保证试件表面在水凝结前保持一定厚度的水层。本书采用的方法为：首先采用加厚防漏的黑塑料袋将试件包裹起来，仅露出冰层冻制面，如图 6-13（a）所示；然后通过粘贴宽胶带将试件四周的塑料袋缠紧，减少塑料袋与试件表面之间的空气，如图 6-13（b）所示；再将硬纸板固定在试件周围，并高出冰层冻制面一定高度，同时将多余的黑塑料与硬纸板黏结牢固，如图 6-13（c）所示；最后将温度传感器穿过硬纸板和塑料袋，通过硅酮将其粘贴在试件冰层冻制面，如图 6-13（d）所示。为了防止传感器与塑料之间的缝隙漏水，在缝隙处涂上一层硅酮。这样就可保证试件表面的水层不发生渗漏。

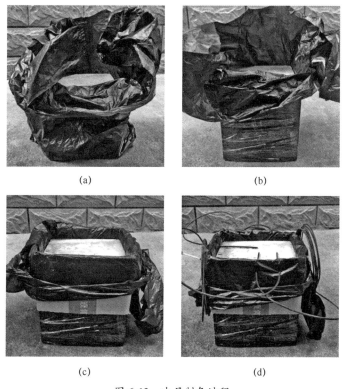

图 6-13　冰层制备过程
（a）包裹试件；（b）缠紧宽胶带；（c）固定硬纸板；（d）固定温度传感器。

将低温试验箱温度调节到试验所需温度，然后放入准备好的试件，采用直尺控制加水高度，从而保证冰层厚度，通过粘贴在试件表面的温度传感器对冰层温度进行实时监控，达到预定温度后取出试件。由于水凝结成冰的过程中体积会发生膨胀，冻制的冰层有时会发生表面局部隆起的现象，这时可通过金属板将冰层表面刮平，得到厚度均匀的冰层。

6.2 微波除冰效率研究

根据机场道面微波除冰特点，微波除冰是将冰层与道面分离，使冰层与道面之间的冻粘力消失，再通过外力作用将分离的冰层清除。冰层的冻粘特性表明，温度是影响冰层与道面之间冻粘力的关键因素，不同温度下，冰层与道面之间的冻粘力不同，因此，冰层与道面之间冻粘力的变化可通过道面表面温度的变化来表示。由此可见，为了合理确定微波除冰效率的评价指标，需对微波除冰过程中机场道面温度分布规律进行深入分析。研究表明，当冰层温度升高到0℃时，冰层与道面之间的冻粘力将会消失，因此，温度达到0℃是应用微波加热技术进行机场道面除冰的关键。

6.2.1 仿真研究

本节以COMSOL Multiphysics软件为平台，建立微波除冰仿真模型，初始温度为-10℃，微波功率为2kW，频率为2.45GHz，冰层厚度为15mm，辐射腔端口高度为55mm，根据混凝土电磁参数测试结果，其电磁参数 ε' 为7.24，ε'' 为0.44，$\tan\delta_e$ 为0.06，μ' 为1.00，μ'' 为0.02，$\tan\delta_m$ 为0.02，仿真模型中其他参数的设置及模型的建立过程参考3.2节中相关内容。

为了研究微波除冰过程中机场道面温度分布规律，分别定义了5个关键点，各关键点位置分布如图6-14所示，坐标轴方向与仿真模型中坐标轴方向保持一致，关键点1为试件表面中心点，关键点2和3分别为试件表面 X 轴方向和 Y 轴方向的1/4分点，关键点4和5分别为试件表面 X 轴方向和 Y 轴方向的1/8分点。微波除冰过程中，试件表面各关键点的温度变化规律如图6-15所示。

由图6-15可知，各关键点升温速率的排列顺序为：关键点1>关键点3>关键点5>关键点2>关键点4。结果表明，混凝土表面中心的升温速率最快，然后逐渐向周围递减，并且 Y 轴方向相同比例位置的升温速率要高于对应 X 轴方向的升温速率。关键点1温度达到0℃时，微波加热时间为26s；关键点3温度达到0℃时，微波加热时间为38s；关键点5温度达到0℃时，微波加热时间为55s；在微波加热时间60s内，其他关键点温度未能达到0℃。下面将详细分析微波加热时间分别为26s、38s和55s时时间表面的温度场分布。

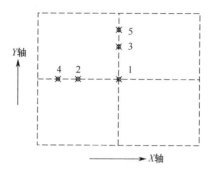

图 6-14 温度场关键点位置分布图

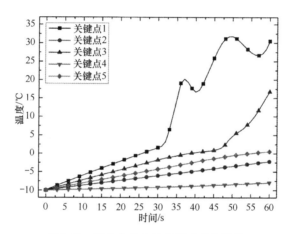

图 6-15 试件表面关键点温度变化规律

微波加热时间分别为 26s、38s 和 55s 时，试件表面的温度场分布如图 6-16 所示。

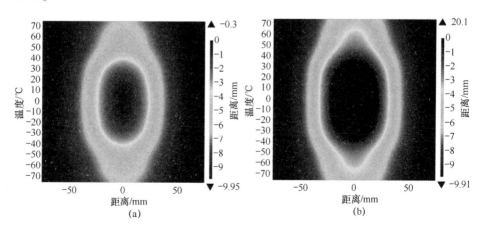

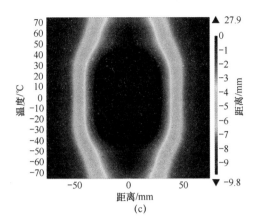

图 6-16 不同微波加热时间下试件表面的温度场分布（见彩图）
(a) 26s；(b) 38s；(c) 55s。

由图 6-16 可知，当微波加热 26s 时，试件表面中心位置冰层开始融化成水，由于水具有较强的吸波升温能力，冰层融化成水的范围迅速向周围扩散；当微波加热 38s 时，Y 轴方向 1/4 分点位置（关键点 3）冰层融化成水；随着微波继续加热，当加热时间达到 55s 时，Y 轴方向 1/8 分点位置（关键点 5）冰层融化成水。微波除冰范围的形状接近为椭圆形，其长轴在 Y 轴方向上，短轴在 X 轴方向上。

微波除冰范围是指微波除冰过程中，试件表面温度达到 0℃ 以上的区域范围。为了准确分析得到微波除冰范围，研究微波加热时间分别为 26s、38s 和 55s 时，试件表面温度在 X 轴和 Y 轴方向上的分布规律，其结果如图 6-17 所示。

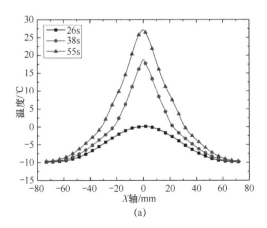

(a)

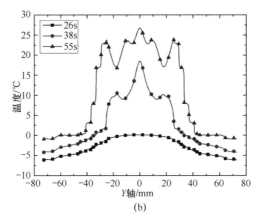

图 6-17 不同微波加热时间下试件表面垂直方向上温度分布
(a) X 轴；(b) Y 轴。

由图 6-17 可知，微波加热时间为 26s 时，微波除冰范围为试件表面中心一点；微波加热时间为 38s 时，微波除冰范围扩散为椭圆形，X 轴方向范围为 42mm，Y 轴方向范围为 75mm；微波加热时间为 55s 时，微波除冰范围继续向外扩散，X 轴方向范围为 60mm，Y 轴方向范围为 131mm。

根据图 6-16 和图 6-17 的仿真结果，微波加热时间分别为 26s、38s 和 55s 时的除冰范围如图 6-18 所示。根据微波除冰效率的定义，可将其理解为试件表面温度达到 0℃ 前的升温速率，据此可得，试件表面关键点 1、关键 3 和关键点 5 在温度达到 0℃ 前的升温速率分别为 0.385℃/s、0.263℃/s 和 0.182℃/s。

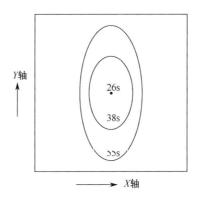

图 6-18 微波除冰范围

6.2.2 试验研究

为了验证仿真结果的准确性,本书采用自主设计的微波除冰简易试验装置进行微波除冰试验,除冰试验初始温度为-11℃左右,在关键点1、3和5处分别粘贴温度传感器记录温度变化,微波除冰效果如图6-19所示。

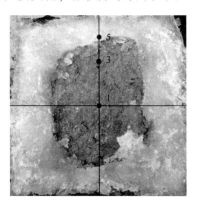

图6-19 微波除冰效果

由图6-19分析微波除冰效果,凿开冰层后可发现微波除冰范围的形状接近为椭圆形,与仿真结果比较接近,表明仿真模型具有一定准确性。根据温度传感器记录的温度变化,试件表面各关节点温度变化如图6-20所示。

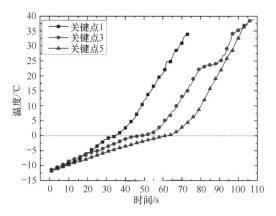

图6-20 试件表面关键点温度变化规律

由图6-20可知,试件表面关键点1、3和5的温度变化与仿真结果比较接近,温度变化过程可分为三个阶段:冰层升温阶段、潜热阶段和冰层融化阶段。冰层升温阶段是冰层从混凝土表面吸收热量,温度不断升高;潜热阶段是指冰层融化成水时吸收一定热量,但是其温度在0℃附近变化较小;冰层融化阶段是指部分冰层已经融化成水,水在微波作用下产生大量热量,周围冰层不断从水和混凝土中吸收热量融化,温度不断升高。

对冰层升温阶段的升温曲线进行拟合,得到结果如下:

关键点1:$T = 0.378t - 12.984$ (6-3)

关键点3:$T = 0.255t - 11.346$ (6-4)

关键点5:$T = 0.196t - 11.573$ (6-5)

由式(6-3)~式(6-5)可知,关键点1、3和5在温度达到0℃前的升温速率分别为0.378℃/s、0.255℃/s和0.196℃/s,与仿真结果比较接近,表明仿真模型具有较高准确性。

6.2.3 评价指标

确定微波除冰效率的评价指标是研究机场道面微波除冰技术的前提条件,只有在确定评价指标的基础上,才能对微波除冰技术进行优化设计。

1. 确定评价指标的对象

相关研究表明,微波除冰效率的评价指标可采用"除冰时间"或"升温幅度"表示。根据微波除冰效率的定义,微波除冰效率反映的是试件在微波作用下除冰速度的快慢。但是,无论是"除冰时间"还是"升温幅度",都包含了冰层融化成水后,对微波除冰效果的影响,由此可见,这些评价指标不能具体表示出微波除冰效率的确切含义,概念比较模糊。结合微波除冰的特点,采用升温速率作为微波除冰效率的评价指标,不仅直观反映出了微波速度的快慢,而且排除了试验初始温度对微波除冰效率评价指标的影响。

因此,本书采用温度达到0℃前试件表面的升温速率表示微波除冰效率。

2. 确定评价指标的属性

评价指标的属性是指应该采用试件表面哪一点的升温速率作为微波除冰效率的评价指标。关键点1为试件表面的中心点,除冰过程中该点的温度最先达到0℃,以关键点1的升温速率作为评价指标可排除冰层融化水对微波除冰效率的影响,因此,可采用关键点1的升温速率作为微波除冰效率的对比评价指标。

关键点3为试件表面Y轴方向的1/4分点位置,关键点3的温度达到0℃时,试件表面Y轴方向上一半范围内的温度达到0℃以上。微波除冰系统中,微波辐射板是有多排辐射腔组成的,当相邻辐射腔中心错开布置时,以关键点3的升温速率作为评价指标就可全面反映除冰区域的除冰效果。如图6-21所示,微波除冰系统的前进方向为X轴方向,各个加热区域叠加起来就可实现连续除冰。关键点 5 达到了试件表面 Y 轴方向的 1/8 分点位置,在除冰过程中相邻辐射腔的加热区域有重叠,采用关键点 5 的升温速率作为评价指标不够准确。因此,可采用关键点 3 的升温速率作为微波除冰效率的有效评价指标。

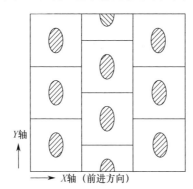

图 6-21 微波除冰系统加热区域的分布

综上所述,微波除冰效率的评价指标可分为对比评价指标和有效评价指标。其中,对比评价指标可采用试件表面关键点 1 的升温速率表示,主要用于比较不同类型混凝土道面的微波除冰效率;有效评价指标可采用试件表面关键点 3 的升温速率表示,主要用于确定机场道面微波除冰技术的有效除冰效果。

6.3 小结

本章分析了混凝土力学性能测试、电磁参数测试和微波除冰试验等相关试验的测试方法和步骤,并采用仿真与试验相结合的研究手段,结合微波除冰特点,分别定义了微波除冰效率的对比评价指标和有效评价指标。

以矩形波导传输/反射法测试原理为基础,采用矢量网络分析作为测试平台,建立了混凝土电磁参数测试系统,并设计了混凝土电磁参数测试的试验步骤。结合机场道面微波除冰特点,自主设计并制作了微波除冰简易试验装置,微波频率 2.45GHz,微波功率 2kW,并且辐射腔端口的高度可根据需要进行调节,弥补了微波除冰试验缺少相关测试设备的空缺。

采用仿真和试验相结合的研究手段,研究了微波除冰效率的评价指标。分析了试件表面不同关键点的温度变化规律,得出以试件表面中心点(关键点 1)的升温速率作为机场道面微波除冰效率的对比评价指标,以试件表面波导端口长边方向 1/4 分点(关键点 3)的升温速率作为机场道面微波除冰效率的有效评价指标。

第7章 机场道面混凝土电磁特性

混凝土的电磁特性是影响微波除冰效率的重要因素,改善混凝土的吸波特性,对有效提高微波除冰效率具有重要意义。混凝土是由多相成分组成的混合物,其吸波性能的影响因素较多,机理较复杂。其中,混凝土骨料是形成其骨架结构的基础,混凝土的综合性能与其骨料特性密切相关。由此可见,改善混凝土骨料的吸波特性是提高混凝土吸波性能的重要途径。磁铁矿是天然存在的磁铁石,不仅具有较高的力学性能,而且具有优异的吸波特性。因此,将磁铁矿石破碎成一定级配的磁铁矿碎石,代替石灰岩碎石作为混凝土的骨料,是提高混凝土吸波特性的有效途径。

根据混凝土组成成分可知,除骨料之外,混凝土中还存在大量水泥水化产生的水化产物和其他未参与水化反应的组分,这些水化产物将混凝土中各组分黏结起来形成整体,因此,混凝土的各项性能与水化产物的性能密切相关。例如,混凝土强度与骨料和水化产物之间过渡区的性能密不可分,混凝土耐久性直接与胶凝产物内部的孔洞结构和微裂缝性质密切相关,混凝土吸波特性与水化产物的电磁性能相互联系。第4章研究表明混凝土的电磁性能主要由水泥净浆决定,即由水泥水化产物决定,由此可见,提升混凝土中水化产物的吸波性能是改善混凝土吸波特性和提高微波除冰效率的重要途径。

7.1 混凝土基体材料电磁性能

机场道面基体材料是指混凝土中除外掺料外通过水泥水化产物黏结起来形成的混合物。在微波除冰过程中,基体材料对微波的吸收发挥了重要作用,它不仅为微波的传播提供了通道,同时还调节了微波在大气与介质分界面处的阻抗匹配性能。因此,研究机场道面基体材料的电磁性能具重要意义。本节分别从水泥浆、水泥砂浆和普通混凝土三个层面分析机场道面基体材料的电磁性能。

水对基体材料电磁性能影响非常大,研究机场道面基体材料电磁性能时必须严格控制其水分的掺量。以表5-6中基准配合比为基础,水灰比控制为0.42,分别制备水泥浆试件、水泥砂浆试件和普通混凝土试件,通过低温试验箱控制试件的温度,测试不同试件在温度$-10°C$下的电磁参数。

7.1.1 水泥浆电磁性能

图 7-1 所示为水泥浆试件复介电常数 ε，复磁导率 μ 和反射率 Γ 随微波频率的变化规律。对于有耗介质，描述其电磁特性的参数包括复介电常数实部 ε'、复介电常数虚部 ε''、电损耗正切 $\tan\delta_e$、复磁导率实部 μ'、复磁导率虚部 μ''、磁损耗正切 $\tan\delta_m$、反射率 Γ 等。其中 ε' 和 μ' 分别表示介质在电磁场作用下发生电极化和磁极化的程度，即表示介质对电磁场能量存储的大小；ε'' 和 μ'' 分别表示介质在电磁场作用下发生极化和磁化作用所产生损耗的大小，即表示介质对微波能量损耗的大小；$\tan\delta_e$ 和 $\tan\delta_m$ 也表示介质对微波能量损耗的大小；Γ 表示介质对微波吸收能力的大小。一般来说，ε''、μ'' 和 $\tan\delta$ 越大，表示介质对微波损耗能力越强。根据阻抗匹配原理，对于理想吸波材料，不仅要求其具有较强的微波损耗能力，同时还要求其对微波的反射率较小。

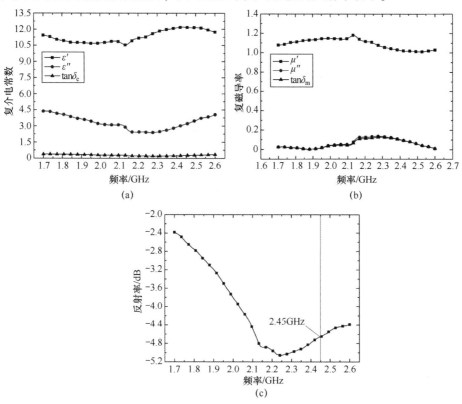

图 7-1 水泥浆电磁参数
（a）复介电常数；（b）复磁导率；（c）反射率。

由图 7-1 可知，水泥浆电磁参数与微波频率有关，随微波频率变化而变化。由图 7-1（a）可知，在测试频率范围内 ε' 的变化范围为 10.66~12.20，ε'' 的变化范围为 2.38~4.37，$\tan\delta_e$ 的变化范围为 0.21~0.38，ε'' 和 $\tan\delta_e$ 有相似的变化规律。在 2.45GHz 附近，ε' 为 12.16，ε'' 为 3.20，$\tan\delta_e$ 为 0.26，表明水泥浆试件在 2.45GHz 附近具有一定的介电损耗能力。这主要是由于水泥发生水化反应后，形成的水化铝酸钙、水化铁酸钙等产物，以及 K^+、Na^+ 等离子化合物在电磁场作用下具有介电损耗能力。

由图 7-1（b）可知，在测试频率范围内 μ' 的变化范围为 1.01~1.15，μ'' 的变化范围为 0~0.014，$\tan\delta_m$ 的变化范围为 0~0.013，μ'' 和 $\tan\delta_m$ 在测试频率范围内有相似的变化规律，在 2.45GHz 附近，μ' 为 1.02，μ'' 为 0.081，$\tan\delta_m$ 为 0.079，其磁导率虚部较低，表明水泥浆试件属于弱磁性材料，磁损耗不明显，水泥浆中的弱磁性主要来源于水泥中不参与水化反应的铁磁性材料。

由图 7-1（c）可知，在测试频率范围内，水泥浆对微波的反射率范围为 -5.06~-2.38dB，在 2.45GHz 附近，反射率为 -4.65dB，水泥浆中存在的一些细微孔洞可为微波的传播提供传输通道。

7.1.2 水泥砂浆电磁性能

水泥砂浆是骨料增强吸波混凝土的基体材料，研究其电磁性能对于设计和制备骨料增强吸波混凝土具有极其重要的意义。水泥砂浆的制备以表 5-6 中混凝土基准配合比为基础，在水泥浆基础上掺入砂子。图 7-2 所示为水泥砂浆试件复介电常数 ε、复磁导率 μ 和反射率 Γ 随微波频率的变化规律。

由图 7-2（a）可知，在测试频率范围内 ε' 的变化范围为 7.54~8.39，ε'' 的变化范围为 0.85~1.72，$\tan\delta_e$ 的变化范围为 0.11~0.22，ε'' 和 $\tan\delta_e$ 有相似的变化规律，在 2.45GHz 附近，ε' 为 7.57，ε'' 为 1.15，$\tan\delta_e$ 为 0.15，与水泥浆相比，水泥砂浆的介电损耗能力降低了。砂子的主要成分是二氧化硅，而二氧化硅分子属于非极性分子，在电磁场作用下非极性分子不会发生极化，以部分砂子取代水泥后，水化产物的极化程度降低了，从而使试件介电损耗能力降低了。

由图 7-2（b）可知，在测试频率范围内 μ' 的变化范围为 1.01~1.09，μ'' 的变化范围为 0~0.078，$\tan\delta_m$ 的变化范围为 0~0.073，μ'' 和 $\tan\delta_m$ 在测试频率范围内有相似的变化规律，在 2.45GHz 附近，μ' 为 1.09，μ'' 为 0.034，$\tan\delta_m$ 为 0.032，其磁导率虚部仍然较低，表明在水泥浆中掺入砂后，不能改善试件的磁损耗能力。

由图 7-2（c）可知，在测试频率范围内，水泥浆对微波的反射率范围为

-6.36~-2.93dB，在 2.45GHz 附近，反射率为-4.74dB。相对于水泥浆试件，水泥砂浆试件在一定程度上降低了微波在试件表面的反射率，但是降低的幅度不大。这主要是由于砂子主要由晶体构成，对微波的损耗能力较弱，将砂子掺入水泥浆中后在一定程度上可同时降低混凝土介电损耗和磁损耗，尤其是介电损耗，从而改善试件表面的阻抗匹配性能，提高试件对微波的吸收能力，这一研究结果也证明了可通过在介质中掺入一定量的透波材料来改善介质的吸波性能。

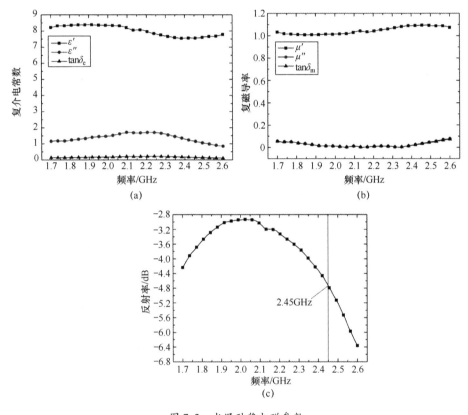

图 7-2 水泥砂浆电磁参数
（a）复介电常数；（b）复磁导率；（c）反射率。

7.1.3 普通混凝土电磁性能

普通混凝土是水泥基复合吸波混凝土的基体材料，研究其电磁性能对于分析水泥基体中吸波剂对微波的影响具有十分重要的意义。图 7-3 所示为普通混凝土试件复介电常数 ε，复磁导率 μ 和反射率 Γ 随微波频率的变化规律。

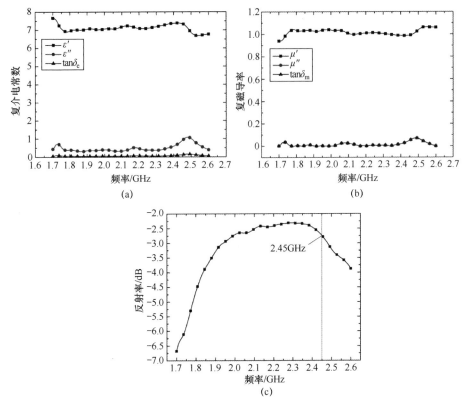

图 7-3　普通混凝土电磁参数
(a) 复介电常数；(b) 复磁导率；(c) 反射率。

由图 7-3 (a) 可知，在测试频率范围内 ε' 的变化范围为 6.69~7.67，ε'' 的变化范围为 0.31~1.09，$\tan\delta_e$ 的变化范围为 0.04~0.15，ε'' 和 $\tan\delta_e$ 有相似的变化规律，在 2.45GHz 附近，ε' 为 7.24，ε'' 为 0.44，$\tan\delta_e$ 为 0.06，相对于水泥浆或水泥砂浆试件，普通混凝土试件的介电常数都有所降低，这主要是由于石子电磁性能与砂子比较接近，在水泥砂浆中掺入石子后，降低了试件的电极化程度，使试件存储微波能量能力降低，同时降低了试件电损耗能力。

由图 7-3 (b) 可知，在测试频率范围内 μ' 的变化范围为 0.94~1.06，μ'' 的变化范围为 0~0.072，$\tan\delta_m$ 的变化范围为 0~0.071，μ'' 和 $\tan\delta_m$ 在测试频率范围内有相似的变化规律，在 2.45GHz 附近，μ' 为 1.00，μ'' 为 0.02，$\tan\delta_m$ 为 0.02，其磁导率虚部仍然较低，表明掺入普通石子后仍然不能改善试件磁损耗能力。

由 7-3（c）可知，在测试频率范围内，水泥浆对微波的反射率范围为 $-6.68 \sim -2.31$dB，在 2.45GHz 附近，反射率为 -2.78dB，结果表明在水泥砂浆中掺入石子后，在一定程度上提高了试件的反射率。这主要是由于石子不能改善试件的磁损耗能力，试件中电损耗和磁损耗的差异依然存在，因此试件表面的阻抗匹配性能不能得到改善。此外，水泥浆体在水化过程中会形成各种各样的孔道，一部分微波会沿着这些细微孔道进入砂浆内部，但是石子材质相对来说更加致密，微波较难进入试件内部，从而使试件反射率在一定程度上增大。

综上所述，水泥浆的介电性能最高，在测试频率范围内 ε' 的变化范围为 $10.66 \sim 12.20$，ε'' 的变化范围为 $2.38 \sim 4.37$，$\tan\delta_e$ 的变化范围为 $0.21 \sim 0.38$，ε'' 和 $\tan\delta_e$ 有相似的变化规律，在 2.45GHz 附近，ε' 为 12.16，ε'' 为 3.20，$\tan\delta_e$ 为 0.26。其次是水泥砂浆，普通混凝土最差。表明在水泥浆中掺入砂和石子可降低试件的介电性能。水泥浆、水泥砂浆和普通混凝土的磁极化性能均较弱，几乎可忽略不计。反射率最大的是普通混凝土，水泥浆和水泥砂浆的反射率比较接近。

7.2 磁铁矿骨料混凝土电磁性能

优异的吸波性能是微波除冰技术在机场道面除冰工作中应用的前提条件，为了改善混凝土的吸波性能，本节采用磁铁矿碎石等体积置换石灰岩碎石作为混凝土骨料。由于混凝土是一个成分复杂的混合体，其吸波特性的影响因素较多，通过骨料置换的方法改善吸波特性的效果，需要通过具体试验深入探讨。

材料的吸波特性是其电磁性能在材料与微波作用过程中的综合体现，材料的电磁性能由电磁参数表示，电磁参数可分为表征介电性能的复介电常数和表征磁极化性能的复磁导率。本书采用矩形波导传输/反射法测量磁铁矿骨料混凝土的电磁参数，分析磁铁矿骨料混凝土电磁参数与磁铁矿及其掺量的变化规律，揭示磁铁矿增强混凝土吸波特性的内在机理，为微波除冰技术的推广应用奠定理论基础。

7.2.1 电磁参数测试

采用矩形波导传输/反射法测试试件的电磁参数，这种测试方法对试件的尺寸要求比较高，本书委托波导仪器加工厂专门加工了一套混凝土试件模具，尺寸为 108.22mm×53.61mm×40.00mm，误差±0.5mm。为了使试件表面平整，保证试验精度，试件养护 28 天后，对混凝土浇筑面进行打磨。磁铁矿骨料混凝土电磁参数测试试件，如图 7-4 所示，图中编号 MC-01、MC-02 和 MC-03

为磁铁矿掺量30%的MC-1，MC-04、MC-05和MC-06为磁铁矿掺量60%的MC-2，MC-07、MC-08和MC-09为磁铁矿掺量100%的MC-3。

图7-4 磁铁矿骨料混凝土试件

混凝土的电磁性能与其自身的温度密切相关，在微波除冰技术中，材料在温度−25℃~5℃范围内的电磁性能是除冰研究的重点，本书采用低温试验箱控制试件的温度，分别测试在−25℃~5℃范围内间隔5℃的电磁参数。在进行混凝土电磁参数测试时，为了减少室内温差的影响，保证试件温度满足试验的要求，试件从低温试验箱中取出后，要求在30s内完成电磁参数的测试。

7.2.2 介电性能

采用矩形波导传输/反射法测试磁铁矿骨料混凝土电磁性能，以测试温度−10℃为例，磁铁矿掺量分别为0%（PC）、30%（MC-1）、60%（MC-2）、100%（MC-3）的复介电常数如图7-5所示。

由图7-5可知，混凝土材料的复介电常数不仅与其材料本身有关，与微波频率也有关；在1.7~2.6GHz频率范围内，对复介电常数实部ε'而言，掺入磁铁矿能够显著增大ε'，且ε'随频率变化的规律比较接近，同时，磁铁矿的掺入能将ε'最小峰值向低频段平移，且磁铁矿掺量越大，平移的幅度越大，PC、MC-1、MC-2、MC-3的ε'最小峰值分别在2.53GHz、2.32GHz、2.07GHz、2.03GHz；ε''与$\tan\delta_e$的变化规律比较相似，掺入磁铁矿能够增大ε''和$\tan\delta_e$；同时可以看出，磁铁矿掺量30%的MC-1在个别一频段内，其复介电常数出现异常峰值，这主要是由于磁铁矿掺量较少，与石灰岩碎石混合在一起，在混凝土内部无法均匀分布，导致其复介电常数变化异常。

微波除冰技术中应用的微波频率为2.45GHz，针对微波除冰技术的应用，混凝土在频率2.45GHz的复介电常数是微波除冰技术关注的重点。根据图7-5中试验结果，不同磁铁矿掺量在2.45GHz复介电常数的变化规律，见表7-1。

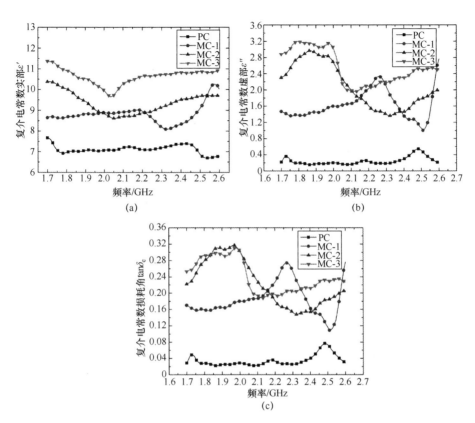

图 7-5 不同磁铁矿掺量混凝土复介电常数

(a) 复介电常数实部 ε';(b) 复介电常数虚部 ε'';(c) 复介电常数损耗角 $\tan\delta_e$。

表 7-1 不同磁铁矿掺量在 2.45GHz 的复介电常数

试件	ε'	ε''	$\tan\delta_e$	试件	ε'	ε''	$\tan\delta_e$
PC	7.24	0.44	0.06	MC-2	9.59	1.64	0.17
MC-1	8.65	1.24	0.14	MC-3	10.83	2.43	0.22

由表 7-1 可知,随着磁铁矿掺量的增大,复介电常数的各个参数(ε'、ε'' 和 $\tan\delta_e$)都增大。其中,ε' 表征混凝土对微波介电能量存储能力的大小,相对于 PC,MC-1、MC-2 和 MC-3 的 ε' 分别增长了 19.4%、32.4% 和 49.5%,表明磁铁矿在与微波作用过程中具有较强的储电能力。ε'' 和 $\tan\delta_e$ 表征混凝土对微波介电损耗能力的大小,相对于 PC,MC-1、MC-2 和 MC-3 的 ε'' 分别增长了 1.82 倍、2.73 倍和 4.52 倍,表明磁铁矿能够大幅提升混凝土的介电损耗能

力。磁铁矿的主要组成成分为 Fe_3O_4，形成大量的偶极子，在无微波作用时，这些偶极子分布杂乱无章，当有微波作用时，这些偶极子会随着电场方向发生极化，从而产生迟滞损耗，消耗微波的电场能量，提升混凝土的介电损耗能力，而普通石灰岩的主要成分为 $CaCO_3$，在微波作用下无法形成偶极子，因而其介电损耗能力较弱。

为了分析温度对混凝土复介电性能的影响，本书以磁铁矿掺量为100%的磁铁矿骨料混凝土为例进行试验，其试验结果如图7-6所示。

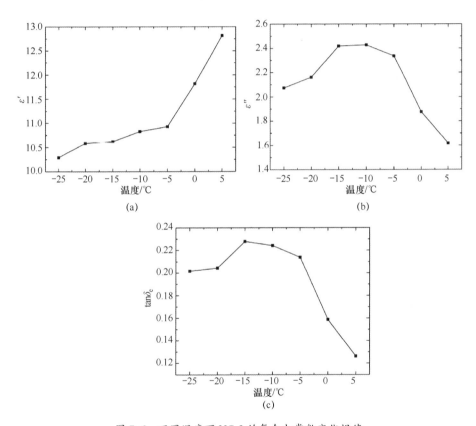

图7-6 不同温度下 MC-3 的复介电常数变化规律
（a）复介电常数实部 ε'；（b）复介电常数虚部 ε''；（c）复介电常数损耗角 $\tan\delta_e$。

由图7-6可知，随着试件温度的升高，ε' 不断增大，尤其是-5℃之后，增长的幅度加大。这主要是由于随着温度增加，分子热运动加剧，在微波与混凝土作用过程中，更多分子被激活，从而使混凝土与微波作用的储电能力增大。随着试件温度的升高，ε'' 和 $\tan\delta_e$ 先增大后减小，在-15度时达到最大值。从前面分析可知，MC-3 对微波的介电损耗主要由磁铁矿中的 Fe_3O_4 偶极子发生极化产生迟滞损耗产生的。当温度升高时，分子热运动的能量增大，在一定范围内会使一部分不活跃的偶极子原子能级发生跃迁，从而激发生极化作用，从而增大混凝土对微波的介电损耗能力。当温度继续升高时，分子热运动的加剧在一定程度上会削弱偶极子的极化作用，从而使得 MC-3 介电损耗能力下降。

7.2.3 磁极化性能

以测试温度 $-10℃$ 为例，磁铁矿掺量分别为 0%（PC）、30%（MC-1）、60%（MC-2）、100%（MC-3）的复磁导率如图 7-7 所示。

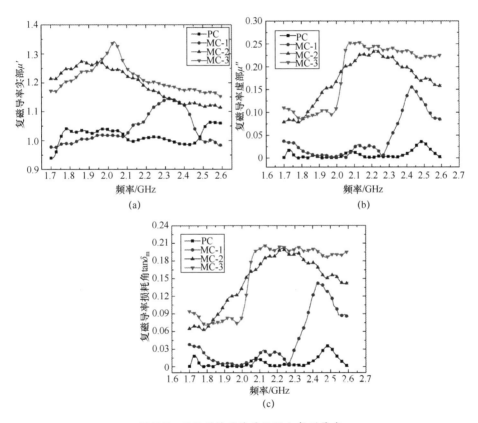

图 7-7　不同磁铁矿掺量混凝土复磁导率

(a) 复磁导率实部 μ'；(b) 复磁导率虚部 μ''；(c) 复磁导率损耗角 $\tan\delta_m$。

由图 7-7 可知，虽然混凝土的复磁导率较小，但是微波频率对其影响比较大。在 1.7~2.6GHz 频率范围内，对复磁导率实部 μ' 而言，在大部分频段内分布比较有规律，随着磁铁矿掺量的增大，其μ'增大；PC 的μ'在 1 附近，表明 PC 几乎没有磁极化性能；相对于 PC，MC-1、MC-2 和 MC-3 的μ'分别增长了 5%、13%和 17%；对复磁导率虚部μ''和损耗角$\tan\delta_m$而言，其变化规律比较相似，在微波低频段内，μ''和$\tan\delta_m$比较小，PC 和 MC-1 的μ''和$\tan\delta_m$几乎接近 0，在微波高频段内，各试件的μ''和$\tan\delta_m$都有所增加。

同样，在微波除冰技术应用中，混凝土在频率 2.45GHz 的复磁导率是研究的重点。根据图 7-7 的试验结果，不同磁铁矿掺量在 2.45GHz 复磁导率的变化规律，见表 7-2。

表 7-2　不同磁铁矿掺量在 2.45GHz 的复磁导率

试件	μ'	μ''	$\tan\delta_m$	试件	μ'	μ''	$\tan\delta_m$
PC	1.00	0.02	0.02	MC-2	1.13	0.18	0.16
MC-1	1.05	0.14	0.13	MC-3	1.17	0.23	0.19

由表 7-2 可知，随着磁铁矿掺量的增大，复磁导率的各个参数（μ'、μ''、$\tan\delta_m$）都增大。其中，μ'表征混凝土对微波磁极化能量存储能力的大小。PC 的μ'为 1，表明 PC 对微波磁极化能量没有存储能力，而 MC-1、MC-2 和 MC-3 的μ'分别为 1.05、1.13、1.17，表明磁铁矿在一定程度上增加了混凝土对微波磁极化能量的存储能力。μ''和$\tan\delta_m$表征混凝土对微波磁极化损耗能力的大小，PC 的μ''仅为 0.02，在微波作用过程中，这样的磁极化损耗能力可忽略不计。而 MC-1、MC-2 和 MC-3 的μ''分别为 0.14、0.18 和 0.23。可以看出，磁铁矿大幅提升了混凝土的磁极化损耗能力，这主要是由于磁铁矿内部的Fe_3O_4偶极子自旋形成大量磁极子，根据法拉第定则可确定其方向，在无微波作用时，磁极子方向杂乱无章。当微波作用时，磁极子就会随着磁场方向的转动而变化，从而产生磁极化损耗，而在普通石灰岩中无法形成大量磁极子，因而其几乎没有磁极化损耗能力。

为了分析温度对混凝土复磁导率的影响，本书以磁铁矿掺量为 100%的磁铁矿骨料混凝土为例进行试验，其试验结果如图 7-8 所示。

由图 7-8 可知，当温度低于-5℃时，μ'随温度变化不大，当温度高于-5℃时，μ'随温度急剧下降。这主要是由于 PC 的磁性能极低，几乎可忽略不计，而磁铁矿骨料混凝土依靠其磁铁矿骨料具备微弱的磁极化能量存储能力，随着分子热运动的加剧，混凝土内部非磁极化部分将会更加活跃起来，使得混凝土整体的磁极化能量存储能力降低。随着温度的变化，μ''先减小后增大，在-15℃达到最低，这主要是因为在温度低于-15℃时，磁铁矿中的磁极子没有被充分激发,而其他分子热运动的加剧会削弱磁极化损耗能力;当温度高于 −15℃时,磁铁矿中的磁极子被充分激发出来,分子热运动的加剧反而增大磁极化损耗能力,但是这种趋势也不是无限增加的。从图 7-8 中可看出,温度在 0℃时 μ'' 的变化趋势发生了变化,开始减低。

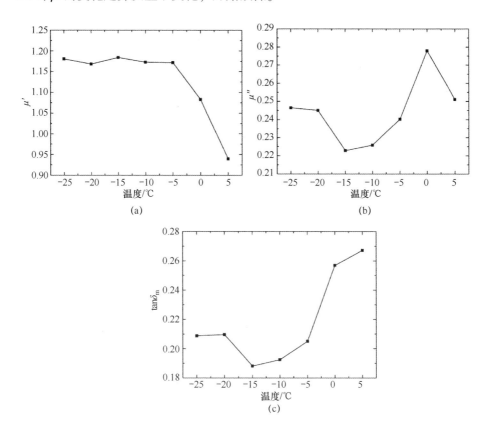

图 7-8 不同温度下 MC-3 的复磁导率变化规律
(a) 复磁导率实部 μ';(b) 复磁导率虚部 μ'';(c) 复磁导率损耗角 $\tan\delta_m$。

7.2.4 反射特性

本书根据微波在混凝土表面反射功率与入射功率的比值分析混凝土的反射特性,反射率的计算公式见式(2-33)。以测试温度 −10℃为例,磁铁矿掺量分别为 0%(PC)、30%(MC-1)、60%(MC-2)、100%(MC-3)的混凝土反射率如图 7-9 所示。

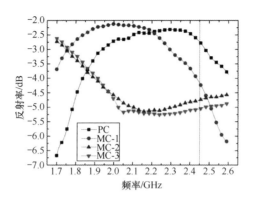

图 7-9　不同磁铁矿掺量混凝土反射率

由图 7-9 可知，在测试频率范围内（1.7~2.6GHz），随着磁铁矿掺量的增大，混凝土对低频段微波反射率增大，对高频段微波反射率减小，表明磁铁矿能够改善混凝土对高频段微波的吸收性能。在频率 2.45GHz，PC 对微波的反射率为-2.78dB，MC-1、MC-2 和 MC-3 对微波的反射率分别降至-4.20dB、-4.74dB 和-5.04dB。这主要是因为磁铁矿改善了混凝土的磁极化性能，改善了混凝土阻抗匹配性能，从而降低了微波在混凝土表面的反射。

温度能够影响混凝土的复介电常数和复磁导率，同样，也能影响混凝土对微波的反射率。以磁铁矿掺量为 100% 的 MC-3 为例，分析温度对反射率的影响，其变化规律如图 7-10 所示。

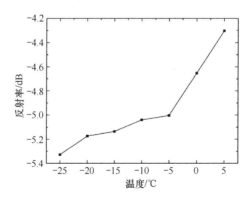

图 7-10　反射率随温度的变化规律

由图 7-10 可知，MC-3 对微波的反射率随温度的升高而增大，尤其是温度高于-5℃时，反射率的增长的幅度明显增大。根据文献 [58] 的研究，材料电磁参数满足匹配式 $\mu''/\mu' = \varepsilon''/\varepsilon'$ 时，入射微波在材料表面将会取得极小的反射率甚至无反射率。因此，微波在混凝土表面的反射情况，可根据混凝土 $\tan\delta_e$ 与 $\tan\delta_e$ 的相对关系判断。对比分析图 7-6 中 $\tan\delta_e$ 和图 7-8 中 $\tan\delta_m$ 的关系，可以看出，温度为 $-25℃$ 时，$\tan\delta_e$ 为 0.202，$\tan\delta_m$ 为 0.209，两者相差仅 0.007；随着温度升高，两者之间相差的幅度增大，尤其是温度大于 $-5℃$，两者相差的幅度显著增大，表明随着温度升高，混凝土表面对微波的阻抗匹配条件变差，从而使得反射率随着温度升高。另外，从分子热运动观点来看，随着温度升高，分子热运动加剧，分子对微波的散射和反射加强，从而使得微波在混凝土表面的反射率增大。

综上所述，磁铁矿掺入混凝土后能够大幅提高混凝土的介电能量和磁极化能量的存储能力，相对于 PC，MC-1、MC-2 和 MC-3 的 ε' 分别增长了 19.4%、32.4% 和 49.5%，μ' 分别增长了 5%、13% 和 17%。同时，磁铁矿还能增强混凝土的介电损耗能力和磁极化损耗能力，相对于 PC，MC-1、MC-2 和 MC-3 的 ε'' 分别增长了 1.82 倍、2.73 倍和 4.52 倍，μ'' 分别增长至 0.14、0.18 和 0.23。并且，磁铁矿能够降低微波在混凝土表面的反射率，在 2.45GHz 微波频率内，相对于 PC，MC-1、MC-2 和 MC-3 的反射率分别降低了 1.42dB、1.96dB 和 2.26dB。最后，分析了温度对混凝土电磁性能的影响，为微波除冰技术的应用奠定了理论基础。

7.3 粉体吸波剂改性混凝土电磁性能

微波除冰技术中，微波除冰效率在一定程度上由混凝土的电磁性能决定，主要包括介电性能和磁极化性能。根据介质对微波的损耗机理可知，介质对微波的损耗包括介电损耗和磁极化损耗，可分别采用复介电常数和复磁导率表示。本书采用矩形波导传输/反射法分别测试单掺石墨改性混凝土、单掺铁黑改性混凝土和复掺石墨/铁黑改性混凝土的介电常数和磁导率。

7.3.1 单掺石墨

根据石墨与微波的作用机理可知，石墨对微波的损耗主要为介电损耗。因此，在分析单掺石墨对混凝土电磁性能的影响时，仅考虑单掺石墨混凝土试件的复介电常数的变化规律，制备试件 CC-1、CC-2、CC-3、CC-4 和 CC-5，以测试温度 $-10℃$ 为例，测试结果如图 7-11 所示。

由图 7-11 可知，在低频范围内，单掺石墨改性混凝土试件具有相对较高的复介电常数，表明其在低频范围内具有较高介电损耗能力；在高频范围内，其复介电常数大幅降低，甚至在一定频段内比 PC 的还要低，表明其在高频范围内介电损耗能力较低。由于微波除冰使用的微波频率为 2.45GHz，正好处于高频范围，因此，单掺石墨改性混凝土不适用于微波除冰。

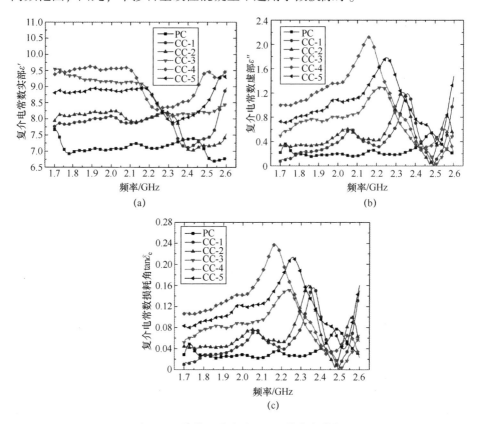

图 7-11　单掺石墨改性混凝土复介电常数
（a）复介电常数实部 ε'；（b）复介电常数虚部 ε''；（c）复介电常数损耗角 $\tan\delta_e$。

7.3.2　单掺铁黑

根据铁黑与微波作用机理可知，铁黑对微波的损耗主要为磁极化损耗，因此，在分析单掺铁黑对混凝土电磁性能的影响时，仅考虑单掺铁黑混凝土试件的复磁导率，制备试件 FeC-1、FeC-2、FeC-3、FeC-4 和 FeC-5，以测试温度 −10℃为例，测试结果如图 7-12 所示。

由图 7-12（a）可知，各个试件的复磁导率 μ' 基本都在 1 附近，尤其是 PC，表明混凝土的磁性较低；由图 7-12（b）和（c）可知，复磁导率 μ'' 和 $\tan\delta_m$ 变化规律比较类似，在低频范围内，随着铁黑掺量的增大，μ'' 和 $\tan\delta_m$ 先减小后增大；在高频范围内，随着铁黑掺量的增大，μ''和$\tan\delta_m$先增大后减小。铁黑对微波的损耗主要是由其内部磁畴的自然共振现象引起的，自然共振现象是由铁黑内部的恒定磁场与微波磁场发生相互作用产生，共振频率由微波频率和铁黑内部各向异场确定。本试验中掺有铁黑的混凝土在低频范围和高频范围分别有一个峰值，即为共振的结果，从而使得复磁导率在低频范围和高频范围随着铁黑掺量的变化规律相反。

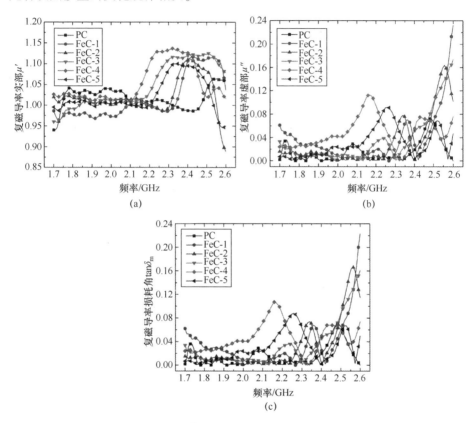

图 7-12　单掺铁黑改性混凝土复磁导率
（a）复磁导率实部μ'；（b）复磁导率虚部μ''；（c）复磁导率损耗角$\tan\delta_m$。

由表 7-3 可知，单掺铁黑改性混凝土在频率 2.45GHz 的复磁导率μ'、μ''和$\tan\delta_m$比 PC 都高，其中 FeC-1、FeC-2、FeC-3、FeC-4 和 FeC-5 的μ'分别增大了 1.6%、5.5%、5.8%、6.9%和 3.5%，μ''分别增大了 2.95 倍、3.2 倍、9.3 倍、2.85 倍和 2.3 倍，$\tan\delta_m$分别增大了 2.9 倍、3.08 倍、8.8 倍、2.65 倍和 2.25 倍。铁黑掺量在 9%时最佳。

表 7-3 单掺铁黑改性混凝土在 2.45GHz 的复磁导率

试件	μ'	μ''	$\tan\delta_m$	试件	μ'	μ''	$\tan\delta_m$
PC	1.00	0.020	0.020	FeC-3	1.058	0.206	0.196
FeC-1	1.016	0.079	0.078	FeC-4	1.069	0.077	0.073
FeC-2	1.055	0.084	0.081	FeC-5	1.035	0.066	0.065

7.3.3 复掺石墨/铁黑

考虑到单掺一种吸波剂掺料时，混凝土的电磁性能改善情况不佳，同时，由微波阻抗匹配原理可知，要使微波在介质表面的反射率降至最低，必须使介质的介电性能和磁极化性能相等。本书考虑复掺石墨/铁黑两种吸波剂掺料分别制备 CFeC-1、CFeC-2 和 CFeC-3 三类试件，并对其电磁参数进行测试，其复介电常数的测试结果如图 7-13 所示。

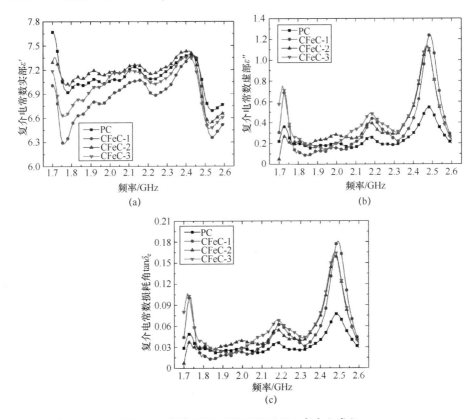

图 7-13 复掺石墨/铁黑改性混凝土复介电常数
(a) 复介电常数实部 ε'；(b) 复介电常数虚部 ε''；(c) 复介电常数损耗角 $\tan\delta_e$。

由图 7-13 可知，随着石墨掺量增大，复介电常数 ε' 变化较小，而且随微波频率的变化规律与 PC 较接近，表明复掺粉体吸波剂掺料对试件的 ε' 影响较小；随着石墨掺量增大，复介电常数 ε'' 和 $\tan\delta_e$ 增大，在 2.5GHz 附近出现峰值，表明复掺吸波剂掺料有利于增大混凝土对微波的介电损耗。这是由石墨具有较高的导电性，改善了混凝土的导电性，使得微波作用下混凝土内部会产生更大的涡流损耗，从而混凝土对微波的介电损耗能力增大。

由表 7-4 可知，在 2.45GHz，相对于 PC，CFeC-1、CFeC-2 和 CFeC-3 的 ε' 变化不大，ε'' 分别增大 1.08 倍、1.31 倍和 1.32 倍，$\tan\delta_e$ 分别增大 1.1 倍、1.35 倍和 1.42 倍。各试件的复磁导率测试结果如图 7-14 所示。

表 7-4　复掺石墨/铁黑改性混凝土在 2.45GHz 的复介电常数

试件	ε'	ε''	$\tan\delta_e$	试件	ε'	ε''	$\tan\delta_e$
PC	7.240	0.440	0.060	CFeC-2	7.260	1.015	0.141
CFeC-1	7.265	0.914	0.126	CFeC-3	7.097	1.022	0.145

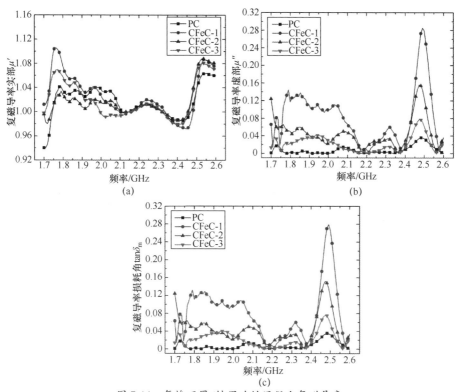

图 7-14　复掺石墨/铁黑改性混凝土复磁导率

(a) 复磁导率实部 μ'；(b) 复磁导率虚部 μ''；(c) 复磁导率损耗角 $\tan\delta_m$。

由图 7-14 所示，复磁导率 μ' 基本在 1 附近，表明混凝土的磁性较低；复磁导率 μ'' 和 $\tan\delta_m$ 随着铁黑掺量的降低而减小；在 2.5GHz 附近磁导率出现峰值，这是由于铁黑磁畴发生共振现象所引起的，且铁黑的掺量越大峰值越高。

由表 7-5 可知，CFeC-1 对微波的磁极化损耗能力最高，其 μ'' 和 $\tan\delta_m$ 分别达到了 0.158 和 0.161。

表 7-5　复掺石墨/铁黑改性混凝土在 2.45GHz 的复磁导率

试件	μ'	μ''	$\tan\delta_m$	试件	μ'	μ''	$\tan\delta_m$
PC	1	0.02	0.02	CFeC-2	0.996	0.133	0.132
CFeC-1	0.976	0.158	0.161	CFeC-3	1.017	0.066	0.065

影响混凝土微波除冰效率的因素除了混凝土对微波的损耗能力外，还有混凝土表面的界面性能，该指标以反射率表示，其测试结果如图 7-15 所示。

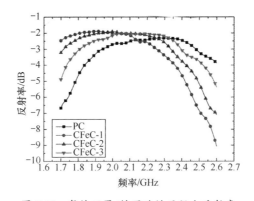

图 7-15　复掺石墨/铁黑改性混凝土反射率

由图 7-15 可知，在高频范围内，各试件反射率的排列顺序为：CFeC-1<CFeC-2<CFeC-3<PC，低频范围内正好相反。主要是由于在高频范围内，铁黑磁畴发生了共振现象，出现了一个峰值，使得混凝土的复磁导率大幅增大，且随着铁黑掺量增大，其峰值越高，从而增大了混凝土的磁极化性能，使得混凝土磁极化性能与介电性能接近，根据阻抗匹配原理，CFeC-1 在高频范围内反射率达到最小。

温度对混凝土的电磁参数有较大影响，本书以 CFeC-1 为例，研究温度对掺有吸波剂掺料混凝土的电磁参数影响。复介电常数随温度的变化规律如图 7-16 所示，复磁导率随温度的变化规律如图 7-17 所示。

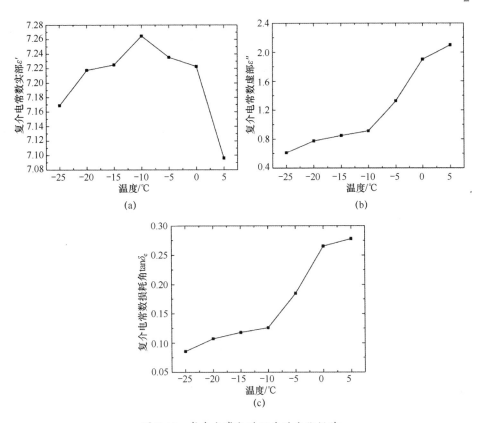

图 7-16 复介电常数随温度的变化规律
(a) 复介电常数实部 ε'; (b) 复介电常数虚部 ε''; (c) 复介电常数损耗角 $\tan\delta_e$。

由图 7-16 可知, 复介电常数 ε' 随着温度升高, 先增大后减小, 在 -10℃ 达到最大; 复介电常数 ε'' 和 $\tan\delta_e$ 随着温度升高而增大, 在 -10℃ 时, 其增长速率变大。复磁导率 μ' 随着温度升高, 表现出增大的趋势。由图 7-17 可知, 复磁导率实部 μ' 随温度升高, 其总体的趋势是增大的; 复磁导率 μ'' 和 $\tan\delta_m$ 随温度升高而增大, 且在 -10℃ 时, 其增长速率变大。这主要是由于温度升高, 分子的热运动加剧, 混凝土内部在微波场作用下发生介电极化和磁极化的程度与分子热运动有关, 同时还与分子内部的电子能级跃迁有关, 当温度升高到 -10℃, 此时, 正好满足吸波剂掺料分子能级跃迁的能量, 使混凝土介电极化和磁极化程度加剧, 从而使得混凝土对微波的损耗能力提升。

由图 7-18 可知, 反射率随着温度的升高而降低, 这主要是由于混凝土磁极化性能提升, 使得阻抗匹配性能得到改善, 降低了微波在混凝土表明的反射率。在 -10～-5℃ 时反射率并未随着温度的升高而变化, 这主要是由于此温度混凝土的介电极化程度也增加较大,使得阻抗匹配性能变化不大,从而反射率变化较小。

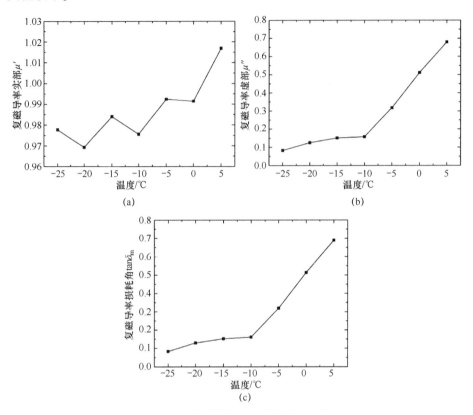

图 7-17 复磁导率随温度的变化规律

(a) 复磁导率实部 μ';(b) 复磁导率虚部 μ'';(c) 复磁导率损耗角 $\tan\delta_m$。

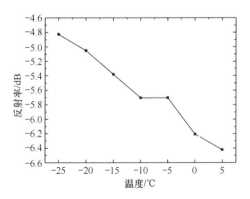

图 7-18 反射率随温度的变化规律

7.4 碳纤维改性混凝土电磁性能分析

为了研究碳纤维及其掺量对混凝土电磁性能的影响，本书采用矩形波导传输/反射法测试碳纤维改性混凝土的电磁参数。一般情况下，介质的电磁参数与温度有一定的联系，本书采用低温试验箱控制碳纤维改性混凝土试件的温度，分别测试不同温度下试件的电磁参数，分析温度对碳纤维改性混凝土电磁性能的影响规律。

7.4.1 介电性能

碳纤维改性混凝土复介电常数测试结果如图 7-19 所示。

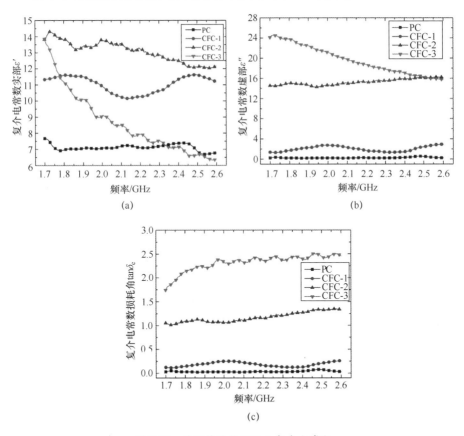

图 7-19　碳纤维改性混凝土复介电常数
（a）复介电常数实部 ε'；（b）复介电常数虚部 ε''；（c）复介电常数损耗角 $\tan\delta_e$。

由图 7-19 可知，碳纤维对混凝土介电性能影响很大。复介电常数实部 ε' 随着碳纤维掺量的增大，先增大后减小。ε' 主要表示混凝土对微波介电能量的存储能力，当碳纤维掺量较低时，碳纤维在混凝土无法相互搭接，也就无法形成通路，微波作用在混凝土时，由于碳纤维导电性能较高，微波会在碳纤维中形成感应电动势，由于各个碳纤维之间没有形成通路，因而掺入混凝土中的碳纤维就会组成一个复杂的电容器系统，存储微波场中的介电能量，从而使得混凝土的 ε' 增大；当碳纤维掺量增大到一定程度时，碳纤维凝聚成团，各纤维之间搭接形成通路，从而降低了碳纤维电容器系统对电能存储能力，使得混凝土的 ε' 降低。复介电常数虚部 ε'' 和复介电常数损耗角 $\tan\delta_e$ 具有相似的规律，随着碳纤维掺量的增大而增大。这主要是由于微波在碳纤维形成感应电动势时会同时产生电场能量的损耗，这种损耗是通过碳纤维的离子转移实现的，随着电场方向不停地变换，离子就会不停地转移，从而形成碳纤维都微波介电能量的损耗。当碳纤维掺量较少时，碳纤维之间无法搭接形成通路，对微波介电能量的损耗主要集中在单根碳纤维上的离子转移过程，因而对微波能量的介电损耗相对较低，随着碳纤维掺量增大，碳纤维之间的搭接就会增多，电能在碳纤维之间就会形成回路，碳纤维内部的离子随着电场方向变换转移的幅度增大，因而对微波介电损耗的能量增大。

由表 7-6 可知，CFC-1、CFC-2 和 CFC-3 在 2.45GHz 的 ε' 分别为 PC 的 1.59 倍、1.69 倍和 0.94 倍，ε'' 分别为 PC 的 4.42 倍、36.38 倍和 37.74 倍，$\tan\delta_e$ 分别为 PC 的 2.82 倍、21.85 倍和 40.80 倍。

表 7-6　碳纤维改性混凝土在 2.45GHz 的复介电常数

试件	ε'	ε''	$\tan\delta_e$	试件	ε'	ε''	$\tan\delta_e$
PC	7.240	0.440	0.060	CFC-2	12.215	16.009	1.311
CFC-1	11.529	1.946	0.169	CFC-3	6.788	16.605	2.448

7.4.2　磁极化性能

碳纤维改性混凝土复磁导率测试结果如图 7-20 所示。

由图 7-20 可知，碳纤维对混凝土磁极化性能也有一定影响。关于复磁导率实部 μ'，相对于 PC，CFC-1 和 CFC-2 的 μ' 变化不大，CFC-3 的 μ' 大幅降低，这主要是由于在 CFC-3 中，碳纤维掺量较大易凝聚成团，碳纤维中的离子在微波的作用下发生转移，除了会形成介电能量存储外，还会形成磁偶极子。在纤维团中，各个磁偶极子之间相互搭接形成磁路，使得 CFC-3 对微波磁极化能量存储能力降低，从能量守恒角度看，也可理解为微波磁极化能量向磁极化能量转化；关于复磁导率虚部 μ'' 和损耗角 $\tan\delta_m$，具有相似的规律，随着碳纤维掺量的增大而增大，由于碳纤维中离子转移会形成磁偶极子，对微波产生磁极化损耗，碳纤维掺量越大，产生的磁偶极子越多，其磁极化损耗能力越大。

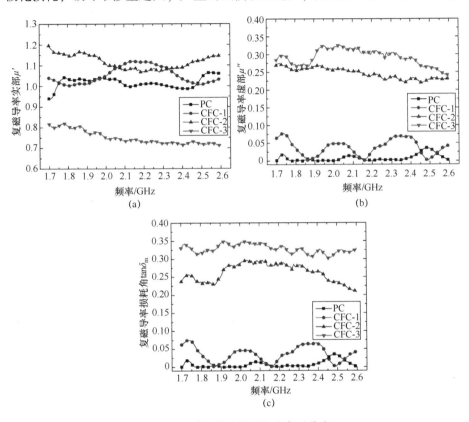

图 7-20　碳纤维改性混凝土复磁导率
(a) 复磁导率实部 μ'；(b) 复磁导率虚部 μ''；(c) 复磁导率损耗角 $\tan\delta_m$。

同样，分析碳纤维改性混凝土在 2.45GHz 附近的电磁参数，由表 7-7 可知，PC 的磁极化性能较低，几乎可忽略不计，CFC-1、CFC-2 和 CFC-3 的 μ' 分别为 1.017、1.110 和 0.772，表明在 CFC-3 中，碳纤维较为明显地改变了混凝土的磁极化性能。CFC-1、CFC-2 和 CFC-3 的 μ'' 分别为 PC 的 1.55 倍、11.35 倍和 13.70 倍，CFC-1、CFC-2 和 CFC-3 的 $\tan\delta_m$ 分别为 PC 的 1.45 倍、12.35 倍和 15.70 倍，表明掺入碳纤维后，混凝土的磁极化损耗得到较大提升。

表 7-7　碳纤维改性混凝土在 2.45GHz 的复磁导率

试件	μ'	μ''	$\tan\delta_m$	试件	μ'	μ''	$\tan\delta_m$
PC	1.00	0.020	0.020	CFC-2	1.110	0.227	0.247
CFC-1	1.017	0.031	0.029	CFC-3	0.722	0.274	0.314

7.4.3　反射性能

碳纤维改性混凝土反射率测试结果如图 7-21 所示。

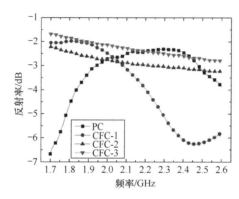

图 7-21　碳纤维改性混凝土反射率测试结果

由图 7-21 可知，将碳纤维掺入混凝土中后，混凝土对微波的反射率受到较大影响。在测试频率低频段范围内，掺入碳纤维后，混凝土对微波的反射率增大；在测试频率高频段范围内，碳纤维掺量较小时，碳纤维能够降低混凝土对微波的反射率，CFC-1 在 2.45GHz 的反射率为 −6.21dB；随着碳纤维掺量增大，碳纤维会增大混凝土对微波的反射率，CFC-2 和 CFC-3 在 2.45GHz 的反射率分别为 −3.15dB 和 −2.67dB。混凝土对微波的反射率主要与其界面的阻抗匹配性能有关，碳纤维掺量较大时，碳纤维之间无法形成通路。但是，提高了磁极化损耗能力，从而使得混凝土的阻抗匹配性能得到改善，由此降低了微波在混凝土表面的反射率。当碳纤维掺量较大时，碳纤维之间相互搭接形成通路，离子在纤维通路中转移形成传导电流，传导电流会使微波在混凝土表面的反射率增大。

7.4.4　温度影响

介质的电磁参数与其温度具有较大联系，而微波除冰过程是一个温度不断变化的过程。因此，在研究碳纤维改性混凝土微波除冰性能之前，有必要分析温度对混凝土电磁参数的影响。

本书以 CFC-2 为例分析温度对混凝土电磁参数的影响，采用低温试验箱控制混凝土试件的温度，测试 CFC-2 在 $-25℃\sim5℃$ 温度范围内的电磁参数。其复介电常数随温度的变化规律如图 7-22 所示，复磁导率随温度的变化规律如图 7-23 所示，反射率随温度的变化规律如图 7-24 所示。

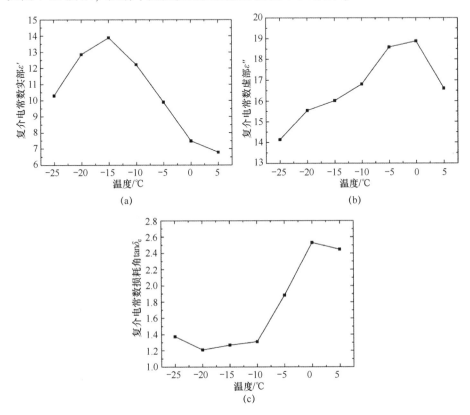

图 7-22　复介电常数随温度的变化规律

（a）复介电常数实部 ε'；（b）复介电常数虚部 ε''；（c）复介电常数损耗角 $\tan\delta_e$。

由图 7-22 可知，复介电常数 ε'、ε'' 和 $\tan\delta_e$ 都是随着温度升高，先增大后减小，其中，ε' 在 $-15℃$ 达到最大，ε'' 和 $\tan\delta_e$ 在 $-5℃$ 达到最大。由图 7-23 可知，复磁导率 μ' 随着温度升高，也是先增大后减小，在 $-15℃$ 达到最大。而复磁导率 μ'' 和 $\tan\delta_m$ 随着温度的增大先减小再增大最后减小，在 $-15℃$ 达到最小值，在 $-5℃$ 达到最大值。碳纤维对混凝土电磁性能的影响主要体现在其内部离子的转移上，而温度的变化主要体现在混凝土内部分子的热运动上。因此，温度对混凝土电磁性能的影响主要是碳纤维内部离子的转移与分子热运动综合作用的结果，所以使得复介电常数在测试温度范围内存在极值点。然而，复磁导率还与离子转移形成的磁偶极子有关,因此复磁导率在测试温度范围内的变化规律较为复杂。

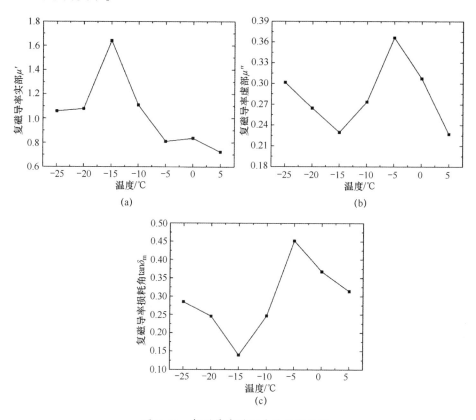

图 7-23 复磁导率随温度的变化规律

(a) 复磁导率实部 μ'；(b) 复磁导率虚部 μ''；(c) 复磁导率损耗角 $\tan\delta_m$。

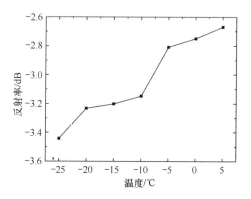

图 7-24 反射率随温度的变化规律

由图 7-24 可知，反射率随着温度的升高而增大，这主要是由于温度加剧了离子在碳纤维内部的转移，混凝土内部感应传导电流加强，从而使得混凝土表面的反射率增大。

7.5 小结

本章采用矩形波导传输/反射法测试了不同类型混凝土材料的电磁参数，并分析其变化规律。主要分析了机场道面混凝土基体材料、磁铁矿骨料混凝土、粉体吸波剂改性混凝土和碳纤维改性混凝土的电磁性能。

本章从水泥浆、水泥砂浆和普通混凝土三个层面分析了机场道面基体材料的电磁性能。其中，水泥浆的介电性能最大，其次是水泥砂浆，最小的是普通混凝土；机场道面基体材料的磁极化性能较弱，几乎可忽略不计；反射率最大的是普通混凝土，水泥浆和水泥砂浆的反射率比较接近，在水泥浆中掺入砂和石子后，试件的介电性能降低，反射率增大。

磁铁矿掺入混凝土后能够大幅提高混凝土对微波介电能量和磁极化能量的存储能力，增强混凝土对微波的介电损耗能力和磁极化损耗能力，降低微波在混凝土表面的反射率。

单掺石墨提升了混凝土在微波低频段的介电损耗能力，但是高频段的介电损耗能力较低；单掺铁黑在一定程度上提升了混凝土对微波的磁极化损耗能力，但是提升幅度不大，混凝土对微波的损耗能力较弱；复掺石墨/铁黑能同时提升混凝土的介电损耗能力和磁极化损耗能力，同时改善混凝土表面的阻抗匹配特性，降低微波在混凝土表面的反射率，能够较为明显地提升混凝土的吸波特性。随着温度升高，复掺石墨/铁黑混凝土的介电损耗能力和磁极化能力增大，微波反射率减小。

碳纤维能够提升混凝土的介电损耗能力和磁极化损耗能力，而且随着碳纤维掺量增大提升效果越明显，但微波在混凝土表面的反射率也会增大。随着温度升高，掺入碳纤维混凝土的介电损耗能力先增大后减小，磁极化能力先减小后增大再减小，反射率增大。

第8章 机场道面混凝土微波除冰性能

8.1 磁铁矿骨料混凝土微波除冰性能

由磁铁矿骨料混凝土（MC）电磁性能分析可知，将磁铁矿以骨料方式掺入混凝土中后能够有效改善其电磁性能。混凝土的吸波性能是其电磁性能的综合体现，直接影响其微波除冰效率。因此，在分析磁铁矿及其掺量对混凝土电磁性能影响的基础上，有必要对其微波除冰性能进行分析。

采用机场道面磁铁矿骨料混凝土三维磁-热耦合仿真模型进行仿真研究，通过自主设计的微波除冰简易试验装置进行微波发热试验和微波除冰试验进行试验研究，以微波除冰效率对比评价指标分析不同磁铁矿掺量混凝土的微波除冰性能，以微波除冰效率有效评价指标研究最佳磁铁矿掺量混凝土的微波除冰特性，采用仿真与试验相结合的研究手段，分析磁铁矿骨料混凝土的微波除冰性能。

8.1.1 仿真研究

三维磁-热耦合仿真模型的建立过程参照第3.2节中相关内容，将不同温度下磁铁矿骨料混凝土的电磁参数输入仿真模型的物理模型中。微波功率2kW，微波频率2.45GHz，辐射腔端口高度55mm，初始温度-25℃，冰层厚度15mm。分别研究MC-1、MC-2和MC-3的微波除冰性能，混凝土表面微波发热功率如图8-1所示。

由图8-1可知，MC-1、MC-2和MC-3表面微波发热功率二维分布图形式比较类似，发热区域呈椭圆形分布，主要集中于Y轴对称分布，发热功率最大点位于混凝土表面中心。随着磁铁矿掺量不同，其发热功率大小不同，对混凝土表面微波发热功率取平均值，其结果如图8-2所示。

由图8-2可知，MC-1、MC-2和MC-3试件表面微波发热功率平均值分别为$364.2kW/m^2$、$570.1kW/m^2$和$840.8kW/m^2$，相对于PC，分别增长了35.5%、112.1%和212.8%。由此可见，掺入磁铁矿可有效提升微波在混凝土表面的发热功率。

根据6.2节中微波除冰效率评价指标的研究结果，可分别采用对比评价指标和有效评价指标作为参考。其中，对评价指标可采用试件表面关键点1的升温速率表示，有效评价指标可采用试件表面关键点 3 的升温速率表示（关键点 2 只涉及其他指标）。

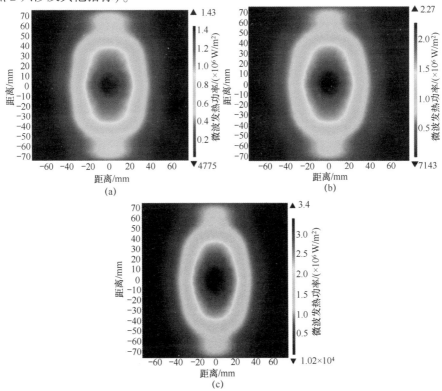

图 8-1 MC 系列混凝土表面微波发热功率（见彩图）
(a) MC-1；(b) MC-2；(c) MC-3。

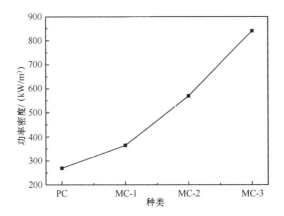

图 8-2 MC 系列混凝土表面微波发热功率平均值

采用微波除冰效率对比评价指标分析 MC-1、MC-2 和 MC-3 的微波除冰性能，其表面关键点 1 的温度变化规律如图 8-3 所示。

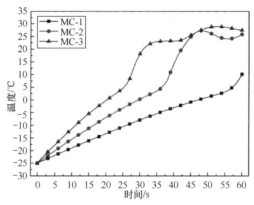

图 8-3　MC 系列关键点 1 温度变化规律

由图 8-3 可知，关键点 1 温度达到 0℃ 时，MC-1、MC-2 和 MC-3 的微波加热时间分别为 48s、30s 和 21s，其微波除冰效率对比评价指标分别为 0.52℃/s、0.83℃/s 和 1.19℃/s，表明 MC-3 具有最高的微波除冰效率。关键点 1 温度达到 0℃ 之前，温度曲线接近为直线，表明温度对微波除冰效率影响较小；关键点 1 温度达到 0℃ 之后，升温速率明显增大，这是由于冰层融化为水后，其吸波发热效率增大；升温一段时间后，关键点 1 温度增长趋于平缓，这是由于周围冰层不断从混凝土表面吸收热量，当混凝土表面吸收的热量与微波产生的热量相接近时，其升温曲线趋于平缓。

采用微波除冰效率有效评价指标分析 MC-3 的微波除冰特性，其关键点 3 的温度变化规律如图 8-4 所示。

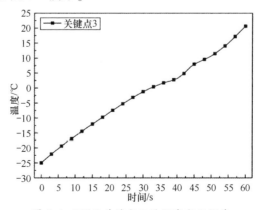

图 8-4　MC-3 关键点 3 的温度变化规律

由图 8-4 可知，关键点 3 温度达到 0℃时，微波加热时间为 33s，其微波除冰效率有效评价指标为 0.76℃/s。微波加热 33s 时，混凝土表面温度分布如图 8-5 所示，混凝土表面 X 轴和 Y 轴方向温度分布如图 8-6 所示。

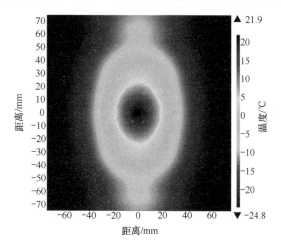

图 8-5 微波加热 33s 时混凝土表面温度分布（见彩图）

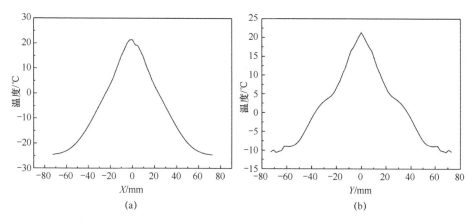

(a)　　　　　　　　　　　　　(b)

图 8-6 MC 表面的温度分布

(a) X 轴；(b) Y 轴。

分析图 8-5 和图 8-6 可以看出，微波加热区域的形状近似为椭圆形，椭圆中心的温度最高，由椭圆中心温度逐渐向两边递减。微波加热 33s 时，加热区域最高温度达到 21.9℃，在椭圆形加热区域长轴方向上，混凝土表面一半区域的温度达到 0℃以上，达到了有效微波除冰的要求。

微波加热 33s 时，冰层和混凝土内部的温度分布如图 8-7 所示，冰层和混凝土中心的温度变化规律如图 8-8 所示，图 8-8 中"距离"为冰层和混凝土中离冰层表面中心的垂直距离。

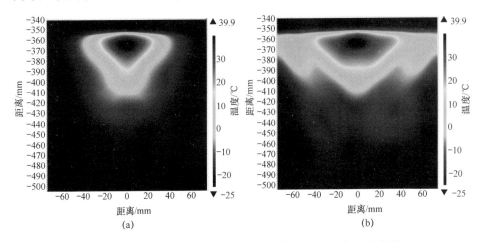

图 8-7　微波加热 33s 时冰层和混凝土内部温度场分布（见彩图）
(a) XOZ 平面；(b) YOZ 平面。

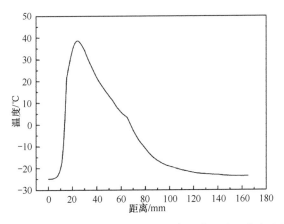

图 8-8　微波加热 33s 时冰层和混凝土表面中心的温度变化规律

由图 8-7 和图 8-8 可知，冰层不吸收微波，微波加热的是混凝土区域，混凝土吸收微波后产生热量，温度逐渐升高，上部冰层通过热传导吸收热量，冰层从下部开始融化，从而使得冰层与混凝土表面之间的冻粘力逐渐消失。混凝土内部最高温度位于混凝土表面以下 9.43mm，最高温度为 39.9℃。根据冰层和混凝土内部 XOZ 平面和 YOZ 平面的温度分布可看出，YOZ 平面加热区域分布更宽。

8.1.2 试验研究

采用自主设计的微波除冰简易试验装置,对磁铁矿骨料混凝土分别进行微波发热试验和微波除冰试验。通过微波发热试验,以混凝土表面中心的升温速率为评价指标,分析不同磁铁矿掺量混凝土的微波发热效率。通过微波除冰试验,以微波除冰效率对比评价指标分析不同磁铁矿掺量混凝土的微波除冰性能,以微波除冰效率有效评价指标研究最佳磁铁矿掺量混凝土的微波除冰特性,从而为微波除冰技术的应用提供理论指导。

1. 微波发热试验

微波发热试验是指在混凝土表面不冻结冰层的情况下,采用微波除冰简易试验装置产生的微波直接加热混凝土,通过温度传感器记录混凝土表面的温度变化,再根据升温速率确定其微波发热效率。在分析磁铁矿骨料对混凝土微波除冰效率的影响时,微波发热试验可排除冰层等其他影响因素的影响。实际上,冰层对微波存在微弱损耗,尤其是冰层中存在一定杂质时,冰层对微波的损耗就需要考虑。另外,微波发热试验不需在试件表面冻结冰层,试验过程简单方便快捷,步骤较少,只需将温度传感器粘贴在试件表面就可开始试验。同时,在微波发热试验的基础上进行微波除冰试验,可尽早发现微波除冰试验存在的不足,在保证试验科学性的基础上,缩短试验周期。

辐射腔端口高度为55mm,微波功率为2kW,微波频率为2.45GHz,将无源光纤温度传感器粘贴在混凝土表面中心记录温度变化,以混凝土表面中心的升温速率为评价指标,分析磁铁矿骨料混凝土的微波发热效率,试验结果如图8-9所示。

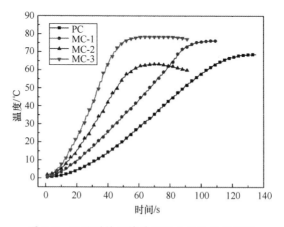

图8-9 不同磁铁矿掺量混凝土微波发热试验

由图 8-9 可知，随着磁铁矿掺量的增大，混凝土表面的升温速率增大。注意图中温度曲线端部出现一小段平行段，是由于微波停止加热产生，而不是材料属性引起。对图 8-9 中升温曲线的上升段进行拟合，其结果如下：

$$\begin{cases} (\text{PC})\colon T = 0.681t - 11.433 \\ (\text{MC-1})\colon T = 0.870t - 11.452 \\ (\text{MC-2})\colon T = 1.279t - 9.894 \\ (\text{MC-3})\colon T = 1.610t - 12.780 \end{cases} \quad (8\text{-}1)$$

由式（8-1）可知，PC、MC-1、MC-2 和 MC-3 的升温速率分别为 0.681℃/s、0.870℃/s、1.279℃/s 和 1.610℃/s，表明磁铁矿掺量分别为 30%、60% 和 100% 时，混凝土的发热效率分别增长了 27.8%、87.8% 和 136.4%。这种现象主要是由于磁铁矿掺入混凝土后，能够降低混凝土表面对微波的反射性能。同时，还提升混凝土对微波的介电损耗能力和磁极化能力，改善混凝土表面对微波的阻抗匹配特性，从而增大混凝土的微波发热效率。由此可见，磁铁矿掺量为 100% 时，混凝土的微波发热效率最高，达到 1.940℃/s。

2. 微波除冰试验

采用低温试验箱制备试件冰层，并在混凝土表面粘贴无源光纤温度传感器。冻结有冰层的试件如图 8-10 所示，并将冰层表面不平整部位刮平。MC-1、MC-2 和 MC-3 冰层厚度分别为 15mm、18mm 和 17mm，如图 8-11 所示。初始温度 -33℃，微波功率 2kW，辐射腔端口高度 55mm，微波除冰效果如图 8-12 所示。

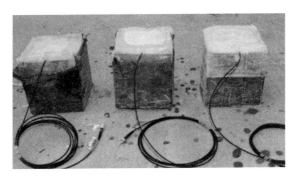

图 8-10 冻结有冰层的一组试件

由图 8-12 可知，冻结有冰层的试件与微波作用时，紧贴混凝土表面的冰层首先从中间开始融化；然后向四周和上部冰层扩散，逐渐形成冰层空洞；最后冰层融化空间贯穿整块冰层。微波除冰后，将钢尺从冰层一侧插入，可轻易穿过整块冰层，表明冰层与试件表面已完全脱离，验证了冰层的透波特性，微波能够透过冰层直接加热混凝土，冰层从混凝土表面吸收热量后融化。对比分析 MC-1、MC-2 和 MC-3 微波作用后的冰层变化，可发现 MC-1 冰层表面几乎没有变化，MC-2 冰层表面隐约可看见内部的水分，而 MC-3 冰层表面的一小部分已经融化。微波除冰过程中，冰层融化是从冰层底部向冰层表面发展的，由于 MC-3 的微波发热效率较高，冰层融化速率较快，从而使更多的融化水也参与微波发热，加速了冰层融化，使得冰层表面也开始融化。

图 8-11 MC 系列的冰层厚度

(a)

(b)

(c)

图 8-12 MC 系列的除冰效果

(a) MC-1;(b) MC-2;(c) MC-3。

采用微波除冰效率对比评价指标分析不同磁铁矿掺量混凝土的微波除冰性能,通过粘贴在混凝土表面的无源光纤传感器记录混凝土表明关键点 1 的温度变化,其结果如图 8-13 所示。

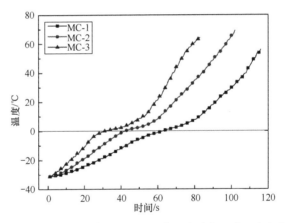

图 8-13 磁铁矿骨料混凝土试件表面关键点 1 的温度变化

由图 8-13 可知,对于冻结有冰层的试件,其表面的升温过程可分为三个阶段:冰层升温阶段、潜热阶段和冰层融化阶段。冰层升温阶段是指微波透过冰层加热混凝土,冰层从混凝土表面吸收热量,温度不断升高;潜热阶段是指冰融化成水时吸收一定热量,但是其温度在 0℃ 保持不变;冰层融化阶段是指部分冰层已经融化成水,水在微波作用下也会产生微波热,周围冰层不断从水和混凝土中吸收热量融化,温度不断升高。这三个阶段在图中可以很明显区分。对图 8-13 中的冰层升温阶段和冰层融化阶段的升温曲线进行拟合,其结果如下：

$$\text{MC-1} \begin{cases} (\text{冰层升温阶段}): T = 0.562t - 36.366 \\ (\text{冰层融化阶段}): T = 1.313t - 101.913 \end{cases} \tag{8-2}$$

$$\text{MC-2} \begin{cases} (\text{冰层升温阶段}): T = 0.824t - 36.436 \\ (\text{冰层融化阶段}): T = 1.426t - 80.761 \end{cases} \tag{8-3}$$

$$\text{MC-3} \begin{cases} (\text{冰层升温阶段}): T = 1.158t - 35.595 \\ (\text{冰层融化阶段}): T = 1.972t - 97.661 \end{cases} \tag{8-4}$$

由式（8-2）~式（8-4）可知，冰层升温阶段，MC-1、MC-2和MC-3的升温速率分别为0.562℃/s、0.824℃/s和1.158℃/s；冰层融化阶段，MC-1、MC-2和MC-3的升温速率分别为1.313℃/s，1.426℃/s和1.972℃/s。结合式（8-1）中普通混凝土在初始温度为-15.2℃的微波除冰升温曲线拟合结果：冰层升温阶段的升温速率为0.372℃/s，冰层融化阶段的升温速率为1.075℃/s。结果表明，在冰层升温阶段，MC-1、MC-2和MC-3的除冰效率分别为PC的1.51倍、2.22倍和3.11倍，表明磁铁矿骨料具有较高的微波除冰效率；在冰层融化阶段，磁铁矿骨料混凝土升温速率较高，因为这时冰层融化的水在微波作用下也会产生微波热，磁铁矿骨料混凝土具有比普通混凝土更高的微波发热效率，在其表面具有更多的融化水参与微波发热，从而使得其升温速率比普通混凝土高。

由微波除冰效率对比评价指标分析可知，MC-3的微波除冰效率最高，采用微波除冰效率有效评价指标分析MC-3的微波除冰特性，MC-3试件表面关键点3的温度变化如图8-14所示。

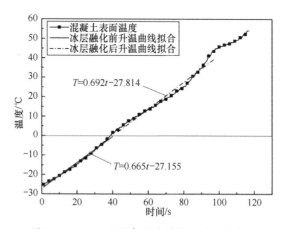

图8-14 MC-3试件表面关键点3的温度变化

由图 8-14 可知，在 MC-3 试件表面关键点 3 的温度变化过程中，其潜热阶段不明显，冰层升温阶段和冰层融化阶段的升温速率也比较接近，这主要是由于相对于关键点 1，关键点 3 的微波发热效率较低，其升温所需的热量除自身微波发热产生的热量外，大部分热量都是通过热传导方式从温度较高位置传递来的。

对 MC-3 试件表面关键点 3 的升温曲线进行拟合，结果如下：

$$\begin{cases} (\text{冰层升温阶段}): T = 0.665t - 27.155 \\ (\text{冰层融化阶段}): T = 0.692t - 27.814 \end{cases} \quad (8-5)$$

由式（8-5）可知，冰层升温阶段，MC-3 试件表面关键点 3 的升温速率为 $0.665℃/s$，冰层融化阶段，其升温速率为 $0.692℃/s$。由此可见，MC-3 微波除冰效率的有效评价指标为 $0.665℃/s$。

综上所述，根据仿真研究结果，MC-1、MC-2 和 MC-3 微波除冰效率的对比评价指标分别为 $0.52℃/s$、$0.83℃/s$ 和 $1.19℃/s$，MC-3 微波除冰效率的有效评价指标为 $0.76℃/s$；根据试验研究结果，MC-1、MC-2 和 MC-3 微波除冰效率的对比评价指标分别为 $0.562℃/s$、$0.824℃/s$ 和 $1.158℃/s$，MC-3 微波除冰效率的有效评价指标为 $0.665℃/s$。仿真结果与试验结果比较接近，表明仿真模型具有较高的准确性，研究结果表明，磁铁矿掺量为 100% 时混凝土具有较高的微波除冰效率，其有效评价指标为 $0.665℃/s$。

8.2　粉体吸波剂改性混凝土微波除冰性能

由不同吸波剂掺料混凝土的电磁性能分析可知，复掺石墨/铁黑混凝土 CFeC 对微波的损耗能力最强。据此，本节以复掺石墨/铁黑混凝土为研究对象，采用仿真和试验相结合的研究手段，分析复掺石墨/铁黑对混凝土微波除冰性能的影响，以微波除冰效率对比评价指标分析不同复掺比例混凝土的微波除冰性能，以微波除冰效率有效评价指标研究最佳复掺比例混凝土的微波除冰特性。

8.2.1　仿真研究

三维磁-热耦合仿真模型的建立参照 3.2 节中相关内容，将不同温度下复掺石墨/铁黑混凝土的电磁参数输入仿真模型中。微波功率 2kW，微波频率 2.45GHz，辐射腔端口高度 55mm，初始温度 $-25℃$，冰层厚度 15mm。分别研究 CFeC-1、CFeC-2 和 CFeC-3 的微波除冰性能，混凝土表面微波发热功率如图 8-15 所示。

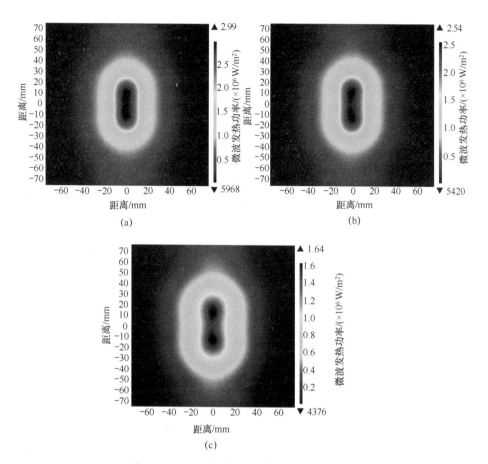

图 8-15 CFeC 系列混凝土表面微波发热功率
(a) CFeC-1；(b) CFeC-2；(c) CFeC-3。

由图 8-15 可知，CFeC-1、CFeC-2 和 CFeC-3 发热区域呈椭圆形分布，主要集中于 Y 轴对称分布，发热功率最大点位于混凝土表面中心。对混凝土表面微波发热功率取平均值，其结果如图 8-16 所示。

由图 8-16 可知，CFeC-1、CFeC-2 和 CFeC-3 表面微波发热功率平均值分别为 703.4kW/m²、593.9kW/m² 和 380.0kW/m²，相对于 PC，分别增长了 161.7%、120.9% 和 41.3%。由此可见，复掺石墨/铁黑可大幅改善微波在混凝土表面的发热功率，其中，CFeC-1 表面的发热功率最高。

采用微波除冰效率对比评价指标分析 CFeC-1、CFeC-2 和 CFeC-3 的微波除冰性能，其表面关键点 1 的温度变化规律如图 8-17 所示。

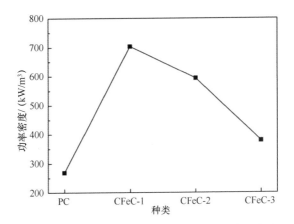

图 8-16　CFeC 系列混凝土表面微波发热功率平均值

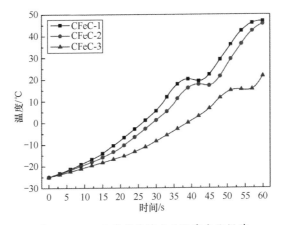

图 8-17　CFeC 系列关键点 1 温度变化规律

由图 8-17 可知,关键点 1 温度达到 0℃时,CFeC-1、CFeC-2 和 CFeC-3 的微波加热时间分别为 27s、30s 和 39s,其微波除冰效率对比评价指标分别为 0.93℃/s、0.83℃/s 和 0.64℃/s,表明复掺 2%石墨/4%铁黑的 CFeC-1 具有最高的微波除冰效率。在关键点 1 温度达到 0℃之前,复掺石墨/铁黑混凝土表面的升温速率逐渐增大,这主要是由于温度升高,混凝土的介电损耗能力和磁极化损耗能力增大,微波在混凝土表面的反射率减小,从而使微波在混凝土内部的发热效率增大,升温速率增大。关键点 1 温度达到 0℃之后,升温速率明显增大,这是由于冰层融化为水后,其吸波发热效率增大;升温一段时间后,关键点 1 温度增长趋于平缓,这是由于周围冰层不断从混凝土表面吸收热量,当混凝土表面吸收的热量与微波产生的热量相接近时，其升温曲线趋于平缓。

采用微波除冰效率有效评价指标分析 CFeC-1 的微波除冰特性，其关键点 3 的温度变化规律如图 8-18 所示。

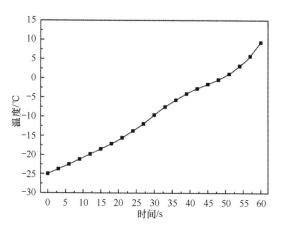

图 8-18　CFeC-1 关键点 3 的温度变化规律

由图 8-18 可知，关键点 3 温度达到 0℃ 时，微波加热时间为 49s，其微波除冰有效评价指标为 0.51℃/s。微波加热 49s 时，混凝土表面温度分布如图 8-19 所示，混凝土表面 X 轴和 Y 轴方向温度分布如图 8-20 所示。

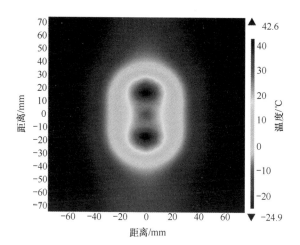

图 8-19　微波加热 49s 时混凝土表面温度分布

分析图 8-19 和图 8-20 可以看出，微波加热区域的形状近似为椭圆形，椭圆中心的温度最高，由椭圆中心温度逐渐向两边递减。微波加热 49s 时，加热区域最高温度达到 42.6℃，在椭圆形加热区域长轴方向上，混凝土表面一半区域的温度达到 0℃ 以上，达到了有效微波除冰的要求。

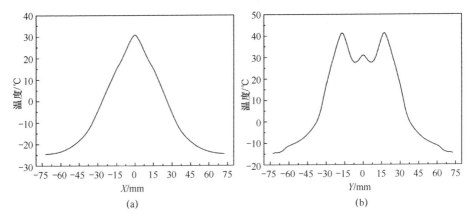

图 8-20　微波加热 49s 时混凝土表面的温度分布
(a) X 轴；(b) Y 轴。

微波加热 49s 时，冰层和混凝土内部的温度分布如图 8-21 所示；混凝土和冰层表面中心的温度分布如图 8-22 所示，图中"距离"为冰层和混凝土离冰层表面中心的距离。

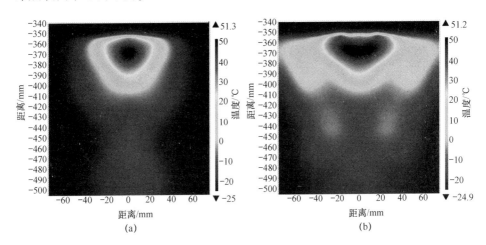

图 8-21　微波加热 49s 时冰层和混凝土内部温度场分布
(a) XOZ 平面；(b) YOZ 平面。

由图 8-21 和图 8-22 可知，冰层不吸收微波，微波加热的是混凝土区域，混凝土吸收微波后产生热量，温度逐渐升高，上部冰层通过热传导吸收热量，冰层从下部开始融化,从而使得冰层与混凝土表面之间的冻粘力逐渐消失。混凝土内部最高温度位于混凝土表面以下 14.8mm,最高温度为 51.2℃。根据冰层和混凝土内部 XOZ 平面和 YOZ 平面的温度分布可看出,YOZ 平面加热区域分布更宽。

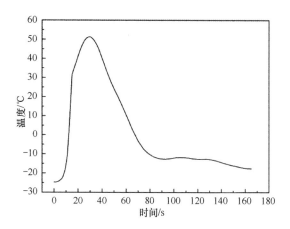

图 8-22 微波加热 49s 时冰层和混凝土表面中心的温度分布

8.2.2 试验研究

采用自主设计的微波除冰简易试验装置,对复掺石墨/铁黑改性混凝土进行微波发热试验和微波除冰试验。通过微波发热试验,以混凝土表面中心的升温速率为评价指标,分析不同复掺比例混凝土的微波发热效率。通过微波除冰试验,以微波除冰效率对比评价指标分析不同复掺比例混凝土的微波除冰性能,以微波除冰效率有效评价指标研究最佳复掺比例混凝土的微波除冰特性,为微波除冰技术的应用提供理论指导。

1. 微波发热试验

共制备了 CFeC-1、CFeC-2 和 CFeC-3 三类试件,以混凝土表面中心的升温速率为评价指标,分析吸波剂掺量对微波发热效率及微波除冰效率的影响。试验中辐射腔端口高度设定为 55mm,微波功率为 2kW,通过无源光纤温度传感器记录混凝土表面的温度变化,试验结果如图 8-23 所示。

由图 8-23 可知,复掺石墨/铁黑改性混凝土具有比 PC 更高的微波发热效率,而且不同掺量比例的复掺方式对微波发热效率也有一定影响。图中温度曲线端部出现一小段平行段,是由于停止了微波加热产生的,而不是材料属性引起。对图 8-23 中升温曲线的上升段进行拟合,其结果如下:

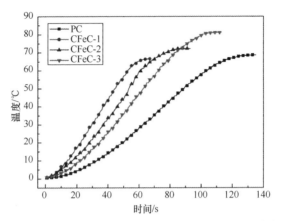

图 8-23　复掺石墨/铁黑改性混凝土微波发热试验结果

$$\begin{cases} (\text{PC})\colon T = 0.681t - 11.433 \\ (\text{CFeC-1})\colon T = 1.313t - 18.770 \\ (\text{CFeC-2})\colon T = 1.144t - 17.413 \\ (\text{CFeC-3})\colon T = 1.019t - 13.555 \end{cases} \quad (8\text{-}6)$$

由式（8-6）可知，PC、CFeC-1、CFeC-2 和 CFeC-3 的升温速率分别为 0.681℃/s、1.313℃/s、1.144℃/s 和 1.019℃/s，表明复掺 2%石墨/4%铁黑的混凝土微波发热效率最高，相对于 PC，其微波发热效率增长了 92.3%。

2. 微波除冰试验

采用低温试验箱制备混凝土试件表面冰层，通过无源光纤温度传感器测试温度变化，采用微波除冰简易装置进行除冰试验，CFeC-1、CFeC-2 和 CFeC-3 冰层厚度分别为 18mm、18mm 和 25mm，如图 8-24 所示，微波功率 2kW，频率 2.45GHz，辐射腔端口高度 55mm，初始温度-26.5℃，除冰效果如图 8-25 所示。

图 8-24　CFeC 系列的冰层厚度

图 8-25 CFeC 系列的除冰效果
(a) CFeC-1；(b) CFeC-2；(c) CFeC-3。

由图 8-25 可知，在混凝土中掺入吸波剂掺料后，微波除冰效果较为明显。冰层对于微波而言几乎是"透明的"，微波能够透过冰层直接加热混凝土表面，混凝土在微波作用下温度逐渐升高，冰层从混凝土吸收热量，因而靠近混凝土表面的冰层先融化。从这三种试件的除冰效果可以看出，在微波作用范围内的冰层与混凝土表面都脱离了，CFeC-1 冰层表面甚至融化出现了"冰洞"，这是由于冰层融化成水后，水在微波作用下继续产生热量融化冰层，使得冰层表面也开始融化了，这种现象也表明了 CFeC-1 具有较高的微波除冰效率。

采用微波除冰效率对比评价指标分析复掺石墨/铁黑混凝土的微波除冰性能，通过粘贴在混凝土表面的无源光纤传感器记录混凝土表明关键点 1 的温度变化，其结果如图 8-26 所示。

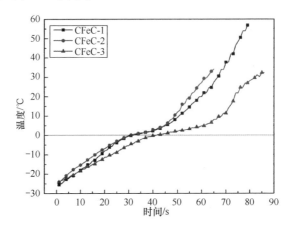

图 8-26　复掺石墨/铁黑混凝土试件表面关键点 1 的温度变化

由图 8-26 可知，与磁铁矿骨料混凝土微波除冰试验结果类似，复掺石墨/铁黑混凝土温度变化也可分为三个阶段：冰层升温阶段、潜热阶段和冰层融化阶段。这三个阶段在图中可以很明显看出。对图 8-26 中冰层升温阶段和冰层融化阶段的升温曲线进行拟合，其结果如下：

$$\text{CFeC-1} \begin{cases} (冰层升温阶段)：T = 0.917t - 27.922 \\ (冰层融化阶段)：T = 1.668t - 79.396 \end{cases} \tag{8-7}$$

$$\text{CFeC-2} \begin{cases} (冰层升温阶段)：T = 0.836t - 24.900 \\ (冰层融化阶段)：T = 1.482t - 62.874 \end{cases} \tag{8-8}$$

$$\text{CFeC-3} \begin{cases} (冰层升温阶段)：T = 0.649t - 25.810 \\ (冰层融化阶段)：T = 1.296t - 77.751 \end{cases} \tag{8-9}$$

由式 (8-7)~式 (8-9) 可知，冰层升温阶段，CFeC-1、CFeC-2 和 CFeC-3 的升温速率分别为 0.917℃/s，0.836℃/s 和 0.649℃/s；冰层融化阶段，CFeC-1、CFeC-2 和 CFeC-3 的升温速率分别为 1.668℃/s、1.482℃/s 和 1.296℃/s。结合后文式 (10-1) 中 PC 在初始温度-15.2℃的微波除冰升温曲线：冰层升温阶段的升温速率为 0.372℃/s，冰层融化阶段的升温速率为 1.075℃/s。CFeC-1 冰层升温阶段的升温速率最大，为 PC 的 2.47 倍，冰层融化阶段的升温速率也是最高的，这主要由于 CFeC-1 的微波发热效率最高，比其他试件融化冰层的速率更快，因而冰层融化的速率也最快，这与分析除冰效果的结论相一致。

由微波除冰效率对比评价指标分析可知，CFeC-1 具有最高的微波除冰效率，采用微波除冰效率有效评价指标分析 CFeC-1 的微波除冰特性，其结果如图 8-27 所示。

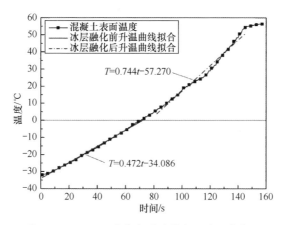

图 8-27　CFeC-1 试件表面关键点 3 的温度变化

由图 8-27 可知，与 MC-3 类似，CFeC-1 试件表面关键点 3 的温度变化过程也没有潜热阶段，这也是由于关键点 3 微波发热效率较低造成的。关键点 3 温度升高所需的热量主要由其他温度较高位置通过热传导方式传递来。

对 CFeC-1 试件表面关键点 3 的升温曲线进行拟合，结果如下：

$$\begin{cases} (冰层升温阶段): T = 0.472t - 34.086 \\ (冰层融化阶段): T = 0.744t - 57.270 \end{cases} \quad (8-10)$$

由式（8-10）可知，冰层升温阶段，CFeC-1 试件表面关键点 3 的升温速率为 $0.472℃/s$，冰层融化阶段，其升温速率为 $0.744℃/s$。由此可见，CFeC-1 微波除冰效率的有效评价指标为 $0.472℃/s$。

综上所述，根据仿真研究结果，CFeC-1、CFeC-2 和 CFeC-3 微波除冰效率的对比评价指标分别为 $0.93℃/s$、$0.83℃/s$ 和 $0.64℃/s$，CFeC-1 微波除冰效率的有效评价指标为 $0.51℃/s$；根据试验研究结果，CFeC-1、CFeC-2 和 CFeC-3 微波除冰效率的对比评价指标分别为 $0.917℃/s$、$0.836℃/s$ 和 $0.649℃/s$，CFeC-1 微波除冰效率的有效评价指标为 $0.472℃/s$。仿真结果与试验结果比较接近，表明仿真模型具有较高的准确性，研究结果表明，复掺 2% 石墨/4% 铁黑对混凝土的微波除冰效率提升最大，其有效评价指标为 $0.472℃/s$。

8.3 碳纤维改性混凝土微波除冰性能

由碳纤维改性混凝土的电磁性能分析可知，碳纤维可大幅提升混凝土对微波的损耗能力。混凝土的吸波损耗能力是微波除冰性能的基础，在对碳纤维改性混凝土电磁性能分析的基础上，以微波除冰效率的评价指标，采用仿真和试验相结合的研究手段，分析碳纤维改性混凝土的微波除冰性能。

8.3.1 仿真研究

参照第3.2节中相关内容建立三维磁-热耦合微波除冰仿真模型，将不同温度下碳纤维改性混凝土的电磁参数输入物理模型中，微波功率2kW，微波频率2.45GHz，辐射腔端口高度55mm，初始温度-25℃，冰层厚度15mm。分别研究CFC-1、CFC-2和CFC-3的微波除冰性能，混凝土表面微波发热功率如图8-28所示。

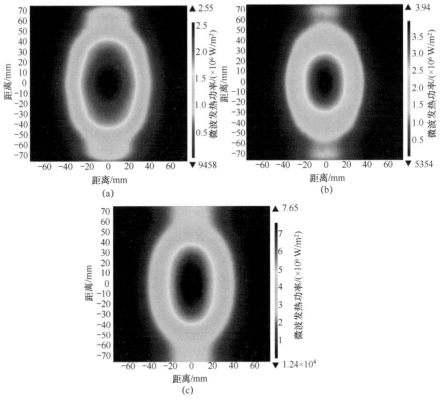

图8-28 CFC系列混凝土表面微波发热功率
(a) CFC-1；(b) CFC-2；(c) CFC-3。

由图 8-28 可知，CFC-1、CFC-2 和 CFC-3 表面微波发热功率的区域形状近似为椭圆，且椭圆长轴沿 Y 轴方向分布。虽然 CFC-1 的微波发热功率最小，但是其微波发热功率在混凝土表面分布最均匀，表明 CFC-1 在微波除冰过程中，加热区域也分布最均匀。

对混凝土表面微波发热功率取平均值，其结果如图 8-29 所示。

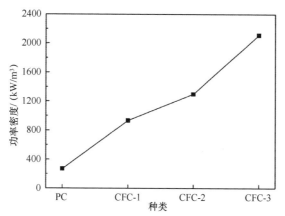

图 8-29　CFC 系列混凝土表面微波发热功率平均值

由图 8-29 可知，CFC-1、CFC-2 和 CFC-3 表面微波发热功率平均值分别为 933.1kW/m²、1297.3kW/m² 和 2108.4kW/m²，分别为 PC 微波发热功率平均值的 3.47 倍、4.83 倍和 7.84 倍。由此可见，碳纤维可大幅改善微波在混凝土表面的发热功率，其中，CFC-3 表面的发热功率最高。

采用微波除冰效率对比评价指标分析 CFC-1、CFC-2 和 CFC-3 的微波除冰性能，其表面关键点 1 的温度变化规律如图 8-30 所示。

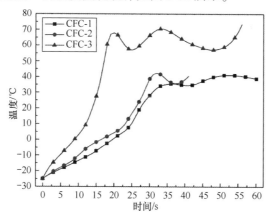

图 8-30　CFC 系列关键点 1 温度变化规律

由图 8-30 可知，关键点 1 温度达到 0℃时，CFC-1、CFC-2 和 CFC-3 的微波加热时间分别为 20s、17s 和 9s，其对比评价指标分别为 1.25℃/s、1.47℃/s 和 2.78℃/s。在关键点 1 温度达到 0℃之前，不同碳纤维掺量混凝土的升温速率变化不同，CFC-1 随着温度变化其升温速率变化不大，CFC-2 随着温度的升高其升温速率略有升高，CFC-3 随着温度升高其升温速率略有降低，这主要是由于不同碳纤维掺量混凝土的电磁性能随着温度变化，其变化规律不同。在温度达到 0℃之后，CFC-1、CFC-2 和 CFC-3 的升温速率都增大，这主要是由于冰层融化的水提升了混凝土表面的吸波发热效率，从而使其升温速率增大。温度升高一段时间后，其温度增长趋于平缓，甚至出现温度下降段，这主要是由于周围冰层从混凝土表面吸收热量并开始融化，使得混凝土表面升温减缓，甚至出现温度下降的现象。同时，相对于磁铁矿骨料混凝土和掺吸波剂混凝土，碳纤维改性混凝土表面温度变化平缓段更长，这主要是由于碳纤维改性混凝土的微波发热效率较高，从而使得冰层融化速率较快，从混凝土表面吸收的热量较多，其温度变化平缓段加长。

根据微波除冰效率对比评价指标分析可知，CFC-3 的微波除冰效率最高。但是在 CFC-3 的制备过程中发现，由于 CFC-3 的碳纤维掺量较大，使得其和易性降低，难以满足施工的要求。对比分析 CFC-1 和 CFC-2 的微波除冰效率，可以发现，CFC-2 的微波除冰效率虽然比 CFC-1 略高一点，但是 CFC-2 的碳纤维掺量是 CFC-1 的三倍，因此，采用 CFC-1 作为研究对象，以微波除冰效率有效评价指标分析其微波除冰特性，其结果如图 8-31 所示。

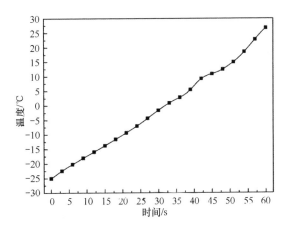

图 8-31 CFC-1 关键点 3 的温度变化规律

由图 8-31 可知，关键点 3 温度达到 0℃时，微波加热时间为 31s，其微波除冰有效评价指标为 0.81℃/s。

微波加热 31s 时，混凝土表面温度分布如图 8-32 所示，混凝土表面 X 轴和 Y 轴方向温度分布如图 8-33 所示。

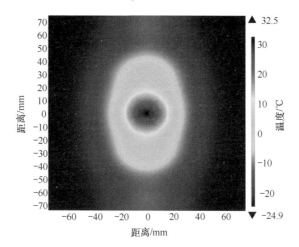

图 8-32　微波加热 31s 时混凝土表面温度分布

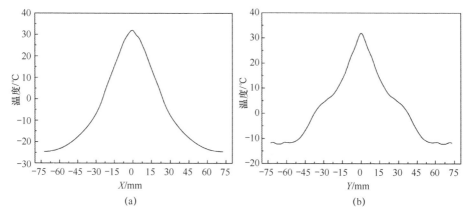

图 8-33　CFC 表面的温度分布
（a）X 轴；（b）Y 轴。

分析图 8-32 和图 8-33 可以看出，微波加热区域的形状近似为椭圆形，椭圆中心的温度最高，由椭圆中心温度逐渐向两边递减。微波加热 31s 时，加热区域最高温度达到 32.5℃，在椭圆形加热区域长轴方向上，混凝土表面一半区域的温度达到 0℃以上，满足了有效微波除冰的要求。

微波加热 31s 时，冰层和混凝土内部的温度分布如图 8-34 所示，混凝土和冰层中心的温度变化规律如图 8-35 所示,图 8-35 中"距离"为冰层和混凝土离冰层表面中心的距离。

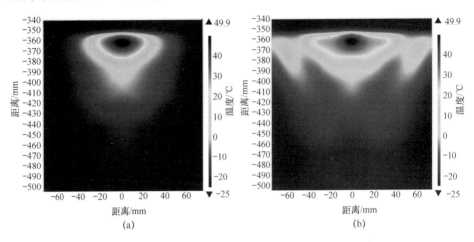

图 8-34 微波加热 31s 时冰层和混凝土内部温度场分布
(a) XOZ 平面;(b) YOZ 平面。

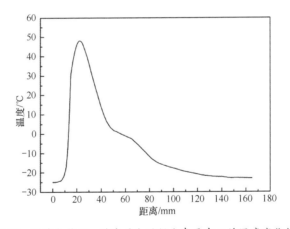

图 8-35 微波加热 31s 时冰层和混凝土表面中心的温度变化规律

由图 8-34 和图 8-35 可知,冰层不吸收微波,微波加热的是混凝土区域,混凝土吸收微波后产生热量,温度逐渐升高,上部冰层通过热传导吸收热量,冰层从下部开始融化,从而使得冰层与混凝土表面之间的冻粘力逐渐消失。混凝土内部最高温度位于混凝土表面以下 7.05mm,最高温度为 49.9℃。根据冰层和混凝土内部 XOZ 平面和 YOZ 平面的温度分布可看出,YOZ 平面加热区域分布更宽。

8.3.2 试验研究

为了验证仿真模型的准确性,采用自主设计的微波除冰简易试验装置进行微波发热试验和微波除冰试验。

1. 微波发热试验

试验中辐射腔端口高度设定为55mm,微波功率为2kW,通过无源光纤温度传感器记录混凝土表面的温度变化,不同碳纤维掺量混凝土的微波发热试验结果如图8-36所示。

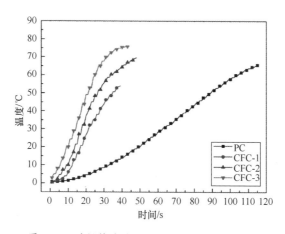

图8-36 碳纤维改性混凝土微波发热试验结果

由图8-36可知,将碳纤维掺入混凝土中后,混凝土的微波发热效率明显高于PC的微波发热效率,对图中升温曲线进行拟合,其结果如下:

$$\begin{cases} (PC): T = 0.681t - 11.433 \\ (CFC\text{-}1): T = 1.712t - 9.143 \\ (CFC\text{-}2): T = 2.133t - 8.018 \\ (CFC\text{-}3): T = 2.328t - 1.131 \end{cases} \quad (8\text{-}11)$$

由式(8-11)可知,CFC-1、CFC-2和CFC-3的微波发热效率分别为1.712℃/s、2.133℃/s和2.328℃/s。由此可见,掺入碳纤维后,混凝土的微波发热效率得到大幅提升,相对于PC,CFC-1、CFC-2和CFC-3的微波发热效率分别增长了1.51倍、2.13倍和2.42倍。

2. 微波除冰试验

微波功率2kW,频率2.45GHz,辐射腔端口高度55mm,采用低温试验箱制备试件冰层,CFC-1、CFC-2和CFC-3的冰层厚度分别为14mm、20mm和

16mm，如图 8-37 所示，除冰效果如图 8-38 所示。

图 8-37 CFC 系列的冰层厚度

图 8-38 CFC 系列的除冰效果
(a) CFC-1；(b) CFC-2；(c) CFC-3。

由图 8-38 可知，在微波作用下混凝土快速升温，靠近混凝土的冰层从混凝土表面吸收热量，冰层升温后开始融化成水，从图中可明显看见冰层融化的水从试件四周流淌出来，表明微波除冰技术在碳纤维改性混凝土上取得了较好的除冰效果。

采用微波除冰效率对比评价指标分析碳纤维改性混凝土的微波除冰性能，通过粘贴在混凝土表面的无源光纤传感器记录混凝土表面关键点 1 的温度变化，其结果如图 8-39 所示。

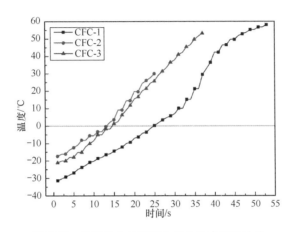

图 8-39　碳纤维改性混凝土微波除冰试验结果

由图 8-39 可知，与磁铁矿骨料混凝土和复掺石墨/铁黑混凝土的微波除冰试验结果不同，碳纤维改性混凝土在微波除冰过程中的温度变化分为两个阶段：冰层升温阶段和冰层融化阶段，不存在潜热阶段。这主要是由于掺有碳纤维的混凝土微波发热效率较高，在微波除冰过程中混凝土表面升温速率较快，使得冰层和混凝土表面之间形成较大温度差，冰层从混凝土表面吸收热量升温，由于温差较大，使得冰融化成水的潜热过程在温度曲线无法体现，因此在碳纤维改性混凝土的温度变化曲线上不存在潜热阶段。对碳纤维改性混凝土的升温曲线进行拟合，其结果如下：

$$\text{CFC-1} \begin{cases} (\text{冰层升温阶段}): T = 1.277t - 32.959 \\ (\text{冰层融化阶段}): T = 2.747t - 73.923 \end{cases} \tag{8-12}$$

$$\text{CFC-2} \begin{cases} (\text{冰层升温阶段}): T = 1.429t - 19.277 \\ (\text{冰层融化阶段}): T = 2.566t - 33.329 \end{cases} \tag{8-13}$$

$$\text{CFC-3} \begin{cases} (\text{冰层升温阶段}): T = 1.670t - 24.657 \\ (\text{冰层融化阶段}): T = 2.355t - 32.892 \end{cases} \tag{8-14}$$

由式（8-12）~式（8-14）可知，冰层升温阶段，CFC-1、CFC-2 和 CFC-3 的升温速率分别为 1.277℃/s、1.429℃/s 和 1.670℃/s；冰层融化阶段，CFC-1、CFC-2 和 CFC-3 的升温速率分别为 2.747℃/s、2.566℃/s 和 2.355℃/s。结合式（8-11）中 PC 微波除冰升温曲线：冰层升温阶段的升温速率为 0.372℃/s，冰层融化阶段的升温速率为 1.075℃/s。冰层升温阶段，CFC-1、CFC-2 和 CFC-3 的升温速率分别为 PC 的 3.43 倍、3.84 倍和 4.49 倍；冰层融化阶段，CFC-1 的升温速率最快，这主要是由于微波作用下 CFC-1 对微波的反射率最低，其表面温度分布较为均匀，从而使得冰层融化阶段参与微波生热的水分更多，因此 CFC-1 在冰层融化阶段的升温速率最快。

根据碳纤维改性混凝土力学性能分析可知，当碳纤维掺量为 1‰时混凝土强度最高，随着碳纤维掺量增大混凝土强度逐渐降低，其中，掺量为 5‰混凝土的强度比普通混凝土的还低，因此碳纤维掺量 5‰不适用于机场道面混凝土的制备。根据碳纤维改性混凝土的微波除冰性能分析可知，掺量 3‰混凝土的微波除冰效率比掺量 1‰混凝土的提升了 11.9%，但是从经济成本方面分析，掺量 3‰混凝土的成本是掺量 1‰混凝土的 3 倍。由此可见，在实际工程中，将碳纤维以 1‰的掺量掺入到混凝土中，可在力学性能、微波除冰性能和经济成本等方面取得较好效果。

采用微波除冰效率有效评价指标分析 CFC-1 的微波除冰特性，其结果如图 8-40 所示。

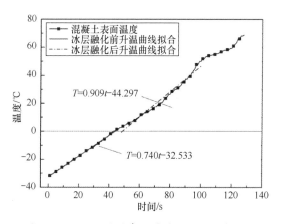

图 8-40 CFC-1 试件表面关键点 3 的温度变化

由图 8-40 可知，CFC-1 试表面关键点 3 的温度变化与仿真结果比较接近，没有潜热阶段，其原因与 MC-3 和 CFeC-1 相同。对图中升温曲线进行拟合，其结果如下：

$$\begin{cases}(冰层升温阶段)：T = 0.740t - 32.533 \\ (冰层融化阶段)：T = 0.909t - 44.297\end{cases} \quad (8\text{-}15)$$

由式（8-15）可知，冰层升温阶段，CFC-1 试件表面关键点 3 的升温速率为 0.740℃/s，冰层融化阶段，其升温速率为 0.909℃/s。由此可见，CFC-1 微波除冰效率的有效评价指标为 0.740℃/s。

综上所述，根据仿真研究结果，CFC-1、CFC-2 和 CFC-3 微波除冰效率的对比评价指标分别为 1.25℃/s、1.47℃/s 和 2.78℃/s，CFC-1 微波除冰效率的有效评价指标为 0.81℃/s；根据试验研究结果，CFC-1、CFC-2 和 CFC-3 微波除冰效率的对比评价指标分别为 1.277℃/s、1.429℃/s 和 1.670℃/s，CFC-1 微波除冰效率的有效评价指标为 0.740℃/s。由此可见，除 CFC-3 外，仿真结果与试验结果比较接近，碳纤维改性混凝土微波除冰仿真模型具有较高的准确性。通过对碳纤维改性混凝土微波除冰效果和经济成本分析，CFC-1 效果最佳，其微波除冰效率有效评价指标为 0.740℃/s。

8.4 小结

本章采用仿真与试验相结合的研究手段，分析了磁铁矿骨料混凝土、复掺石墨/铁黑混凝土和碳纤维改性混凝土的微波除冰性能，探索不同类型混凝土的微波发热规律和微波除冰效率变化规律。

结合不同磁铁矿掺量混凝土的电磁参数测试结果，建立磁铁矿骨料混凝土微波除冰仿真模型。仿真研究结果表明 MC-3 具有最高微波除冰效率。微波加热时间为 33s 时，MC-3 达到有效微波除冰范围，其微波除冰效率有效评价指标为 0.76℃/s。对磁铁矿骨料混凝土微波除冰性能进行试验研究，分别进行微波发热试验和微波除冰试验，试验结果与仿真结果比较接近，MC-3 具有较高微波除冰效率，其微波除冰效率对比评价指标为 1.158℃/s，微波除冰效率有效评价指标为 0.665℃/s。

采用仿真和试验相结合的研究手段，分析了复掺石墨/铁黑混凝土的微波除冰性能，仿真结果与试验结果比较接近，复掺石墨/铁黑 2%/4% 的混凝土（CFeC-1）的微波除冰效率最高，其微波除冰效率对比评价指标为 0.917℃/s，微波除冰效率有效评价指标为 0.472℃/s。

采用仿真和试验相结合的研究手段，分析了碳纤维改性混凝土的微波除冰性能，仿真结果与试验结果比较接近，通过对碳纤维改性混凝土的微波除冰效果和经济成本进行分析，碳纤维掺量 1‰的混凝土（CFC-1）效果最佳，其微波除冰效率对比评价指标为 1.277℃/s，微波除冰效率有效评价指标为 0.740℃/s。

第三篇

机场道面微波除冰技术应用推广

第 9 章　机场道面混凝土力学性能

9.1　磁铁矿骨料混凝土

9.1.1　强度特性

为了研究磁铁矿骨料混凝土的强度特性，对其分别进行抗折强度试验和抗压强度试验，其试验结果见表 9-1。

表 9-1　强度试验结果

试件	编号	试件类型	抗压强度/MPa	平均值/MPa	试件类型	抗折强度/MPa	平均值/MPa
PC	1	立方体	49.25		长方体	5.79	
	2	立方体	52.96	51.21	长方体	5.86	5.89
	3	立方体	51.42		长方体	6.02	
MC-1	1	立方体	54.68		长方体	6.04	
	2	立方体	53.43	53.58	长方体	6.17	6.14
	3	立方体	52.64		长方体	6.21	
MC-2	1	立方体	56.21		长方体	6.54	
	2	立方体	57.59	56.52	长方体	6.61	6.54
	3	立方体	55.76		长方体	6.46	
MC-3	1	立方体	60.07		长方体	7.12	
	2	立方体	57.57	58.56	长方体	6.86	6.98
	3	立方体	58.04		长方体	6.95	

图 9-1 为磁铁矿骨料混凝土抗压强度和抗折强度平均值的变化规律。

由图 9-1 可知：①作为混凝土骨料材料，磁铁矿碎石以等体积置换石灰岩碎石后，混凝土的抗压强度和抗压强度均呈增长趋势；②随着磁铁矿碎石掺量的增大，磁铁矿骨料混凝土强度增长的幅度越大，相对普通混凝土（PC），当磁铁矿碎石的掺量分别为 30%、60%、100% 时，磁铁矿骨料混凝土抗压强度增长 4.6%、10.4%、14.4%，抗折强度增长 4.2%、11.0%、18.4%。

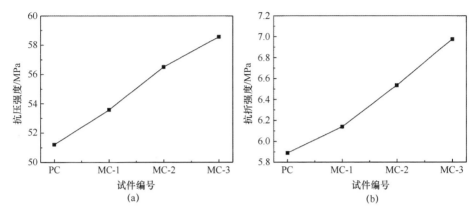

图 9-1 磁铁矿骨料混凝土强度平均值的变化规律
(a) 抗压强度；(b) 抗折强度。

磁铁矿骨料混凝土强度的增长与磁铁矿碎石的特性是密切相关的。混凝土强度主要与骨料的颗粒特性以及骨料与水泥之间的黏结强度有关，通过比较磁铁矿碎石与石灰岩碎石的颗粒特性，可以发现，磁铁矿碎石表面形状是有棱角的，粗糙度较大，而石灰岩碎石表面形状是圆滑的，粗糙度较小，这样就可使得磁铁矿碎石能够与水泥水化产物更好地黏结在一起，提高骨料与水泥之间的黏结强度。磁铁矿掺量越大，黏结强度提升越大，从而使得磁铁矿骨料混凝土强度增大，并且随着磁铁矿碎石的掺量增大，强度增长的幅度也越大。

9.1.2 耐磨特性

为了研究磁铁矿骨料混凝土的耐磨特性，对其进行耐磨性试验，其试验结果见表 9-2。

表 9-2 耐磨试验结果

试件	编号	磨槽深度/mm	耐磨度	试件	编号	磨槽深度/mm	耐磨度
PC	1	2.13	1.05	MC-1	1	1.79	1.25
	2	2.05	1.09		2	1.71	1.31
	3	1.83	1.22		3	1.55	1.44
	4	1.88	1.19		4	1.66	1.35
	5	1.75	1.28		5	1.42	1.57

(续)

试件	编号	磨槽深度/mm	耐磨度	试件	编号	磨槽深度/mm	耐磨度
MC-2	1	1.52	1.47	MC-3	1	1.25	1.79
	2	1.46	1.53		2	1.09	2.05
	3	1.29	1.73		3	1.05	2.13
	4	1.39	1.61		4	0.89	2.51
	5	1.11	2.01		5	0.85	2.63

表9-2中每组测试5个试件的耐磨度，去掉其中最大值和最小值，取剩下3个的平均值作为每组的试验结果，得到不同种类混凝土耐磨度如图9-2所示。

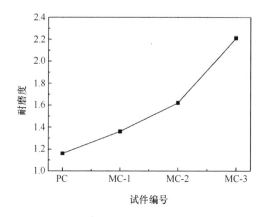

图9-2 耐磨度变化规律

由图9-2可知，将磁铁矿碎石掺入混凝土中后，混凝土的耐磨度得到提升，且随磁铁矿碎石掺量的增大提升更加显著，当磁铁矿碎石的掺量分别为30%、60%、100%时，其耐磨度分别为1.36、1.62、2.21，相对于普通混凝土，分别提升了17.1%、18.8%、36.6%。这主要是由于磁铁矿碎石比石灰岩碎石具有更大的硬度，磁铁矿碎石的硬度为5.5~6.5，而石灰岩碎石的硬度为3~4，同时磁铁矿碎石强度比石灰岩碎石强度高，在一定程度上也能提高混凝土的耐磨特性。

由强度特性试验和耐磨特性试验结果可看出，磁铁矿骨料混凝土具有比普通混凝土更优异的力学性能，更能满足机场道面对强度和耐久性的要求。

9.2 粉体吸波剂改性混凝土

针对石墨和铁黑两种粉体吸波剂掺量，在混凝土的制备过程中，分别采用单掺和复掺的方式，将粉体吸波剂掺料与水泥粉末在干燥状态下充分混合均匀，使这些粉体掺料在水泥发生水化反应后能够均匀分布在水泥水化胶凝产物中，改善混凝土的吸波特性，提高混凝土的微波除冰效率。

为了研究吸波剂掺料及其掺量对混凝土强度的影响，分别采用 MTS810 材料试验机和 200 吨位抗压试验机测试混凝土的抗折强度和抗压强度。

9.2.1 单掺石墨

单掺石墨改性混凝土强度试验结果见表 9-3。

表 9-3 单掺石墨改性混凝土强度试验结果

试件	编号	试件类型	抗压强度/MPa	平均值/MPa	试件类型	抗折强度/MPa	平均值/MPa
CC-1	1	立方体	48.29	48.73	长方体	5.79	5.59
	2	立方体	49.67		长方体	5.49	
	3	立方体	48.22		长方体	5.50	
CC-2	1	立方体	44.40	45.63	长方体	5.46	5.46
	2	立方体	45.63		长方体	5.38	
	3	立方体	46.87		长方体	5.53	
CC-3	1	立方体	44.02	43.61	长方体	5.41	5.35
	2	立方体	43.51		长方体	5.35	
	3	立方体	43.29		长方体	5.30	
CC-4	1	立方体	40.12	40.43	长方体	5.12	5.05
	2	立方体	41.59		长方体	5.09	
	3	立方体	39.58		长方体	4.95	
CC-5	1	立方体	39.24	37.41	长方体	5.10	4.95
	2	立方体	35.85		长方体	4.92	
	3	立方体	37.15		长方体	4.83	

图 9-3 所示为单掺石墨改性混凝土抗压强度和抗折强度平均值的变化规律。

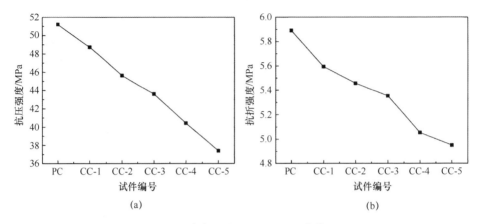

图 9-3　单掺石墨改性混凝土强度特性
(a) 抗压强度；(b) 抗折强度。

由图 9-3 可知，单掺石墨后，混凝土强度特性会降低，且随着掺量的增大降低的幅度增大，相对于 PC，CC-1、CC-2、CC-3、CC-4 和 CC-5 的抗压强度分别降低了 4.85%、10.89%、14.85%、21.05% 和 26.95%；抗折强度分别降低了 5.04%、7.34%、9.11%、14.20% 和 15.96%。当石墨掺量为 10% 时，混凝土抗折强度仅为 4.95MPa。这主要是由于石墨的吸水性较大，减少了水泥水化所能利用的水分，并且石墨吸水后，体积会发生膨胀，降低了混凝土拌合物的流动性。试验过程中发现，当石墨掺量大于 10% 时，混凝土拌合物的流动性非常差，浇注的试件难以振捣密实。据此，石墨的最大掺量取 10%。

9.2.2　单掺铁黑

单掺铁黑改性混凝土强度试验结果见表 9-4。

表 9-4　单掺铁黑改性混凝土强度试验结果

试件	编号	试件类型	抗压强度/MPa	平均值/MPa	试件类型	抗折强度/MPa	平均值/MPa
FeC-1	1	立方体	50.25	50.10	长方体	5.81	5.81
	2	立方体	49.64		长方体	5.85	
	3	立方体	50.42		长方体	5.76	

(续)

试件	编号	试件类型	抗压强度/MPa	平均值/MPa	试件类型	抗折强度/MPa	平均值/MPa
FeC-2	1	立方体	48.59	48.79	长方体	5.78	5.71
	2	立方体	49.78		长方体	5.69	
	3	立方体	48.01		长方体	5.68	
FeC-3	1	立方体	47.19	46.94	长方体	5.51	5.57
	2	立方体	46.51		长方体	5.57	
	3	立方体	47.11		长方体	5.65	
FeC-4	1	立方体	45.28	44.56	长方体	5.20	5.32
	2	立方体	45.25		长方体	5.49	
	3	立方体	43.16		长方体	5.28	
FeC-5	1	立方体	43.80	42.79	长方体	5.06	5.12
	2	立方体	41.29		长方体	5.24	
	3	立方体	43.29		长方体	5.05	

图 9-4 所示为单掺铁黑改性混凝土抗压强度和抗折强度平均值的变化规律。

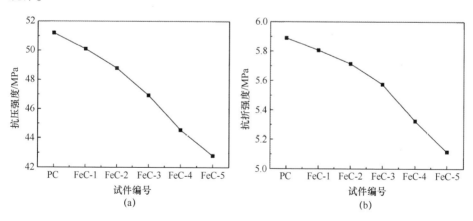

图 9-4 单掺铁黑改性混凝土强度特性
（a）抗压强度；（b）抗折强度。

由图 9-4 可知，与单掺石墨类似，单掺铁黑后，混凝土的强度特性也会降低，且随着掺量的增大降低的幅度增大，相对于 PC，FeC-1、FeC-2、FeC-3、FeC-4 和 FeC-5 的抗压强度分别降低了 2.16%、4.72%、8.34%、12.98% 和 16.44%，抗折强度分别降低了 1.41%、2.98%、5.35%、9.62% 和 13.14%。这主要是由于将铁黑掺料掺入水泥粉末后，铁黑掺料不参与水泥的水化反应，分布在水化胶凝产物中，使混凝土硬化后产生大量的原始微孔洞和微裂缝，从而增大了混凝土的原始缺陷，使混凝土的强度降低。

9.2.3 复掺石墨/铁黑

按照一定比例复掺石墨/铁黑改性混凝土强度试验结果见表 9-5。

表 9-5 复掺石墨/铁黑改性混凝土强度试验结果

试件	编号	试件类型	抗压强度/MPa	平均值/MPa	试件类型	抗折强度/MPa	平均值/MPa
CFeC-1	1	立方体	46.76	46.83	长方体	5.74	5.66
	2	立方体	47.89		长方体	5.66	
	3	立方体	45.83		长方体	5.59	
CFeC-2	1	立方体	46.52	45.68	长方体	5.68	5.56
	2	立方体	45.33		长方体	5.51	
	3	立方体	45.19		长方体	5.48	
CFeC-3	1	立方体	43.25	44.04	长方体	5.35	5.38
	2	立方体	44.17		长方体	5.41	
	3	立方体	44.69		长方体	5.39	

图 9-5 所示为复掺石墨/铁黑改性混凝土抗压强度和抗折强度平均值的变化规律。

由图 9-5 可知，当粉体吸波剂掺料的总掺量为 6% 时，复掺石墨/铁黑同样也会降低混凝土的强度特性，相对于 PC，CFeC-1、CFeC-2 和 CFeC-3 的抗压强度分别降低了 8.56%、10.80% 和 14.01%，抗折强度分别降低了 3.85%、5.66% 和 8.60%。其作用机理与单掺粉体吸波材料时相同。

总体来说，将粉体吸波剂掺料掺入混凝土中后，混凝土的强度会降低，根据试验结果，不同粉体吸波剂掺料降低混凝土强度降低的幅度由大到小排列为：单掺石墨、复掺石墨/铁黑和单掺铁黑。

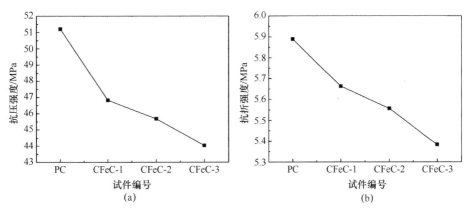

图 9-5 复掺石墨/铁黑改性混凝土强度特性
(a) 抗压强度；(b) 抗折强度。

9.3 碳纤维改性混凝土

本书选择碳纤维作为纤维吸波剂掺料，将其掺入混凝土中制备碳纤维改性混凝土，测试其抗折强度和抗压强度，研究碳纤维对混凝土力学性能的影响；采用矩形波导传输/反射法测试碳纤维改性混凝土的介电常数，分析碳纤维对混凝土电磁性能的影响；对碳纤维改性混凝土进行微波发热试验和微波除冰试验，揭示碳纤维对混凝土微波除冰性能的影响规律。

为了研究碳纤维及其掺量对混凝土强度的影响，分别采用 MTS810 材料试验机和 200 吨位抗压试验机测试碳纤维改性混凝土的抗折强度和抗压强度。其试验结果见表 9-6。

表 9-6 碳纤维改性混凝土强度试验结果

试件	编号	试件类型	抗压强度/MPa	平均值/MPa	试件类型	抗折强度/MPa	平均值/MPa
CFC-1	1	立方体	55.46		长方体	6.68	
	2	立方体	56.32	55.58	长方体	6.54	6.67
	3	立方体	54.97		长方体	6.79	
CFC-2	1	立方体	52.38		长方体	6.19	
	2	立方体	53.72	53.13	长方体	6.09	6.14
	3	立方体	53.28		长方体	6.15	

(续)

试件	编号	试件类型	抗压强度/MPa	平均值/MPa	试件类型	抗折强度/MPa	平均值/MPa
CFC-3	1	立方体	48.25	48.77	长方体	5.62	5.68
	2	立方体	48.96		长方体	5.69	
	3	立方体	49.11		长方体	5.73	

图 9-6 所示为碳纤维改性混凝土抗压强度和抗折强度平均值的变化规律。

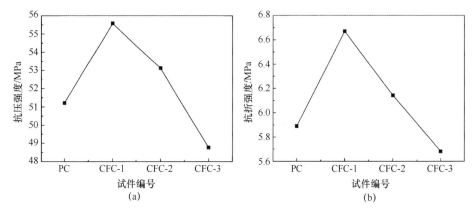

图 9-6 碳纤维改性混凝土强度特性
(a) 抗压强度；(b) 抗折强度。

由图 9-6 可知，当碳纤维体积掺量为 1‰ 和 3‰ 时，混凝土强度升高；当碳纤维体积掺量为 5‰ 时，混凝土强度降低。相对于 PC，CFC-1 和 CFC-2 的抗压强度分别提高 8.54% 和 3.74%，抗折强度分别提高 13.26% 和 4.29%，CFC-3 的抗压强度降低 4.76%，抗折强度降低 3.54%。这主要是由于碳纤维掺量较少时，碳纤维在混凝土中分布均匀，与水泥水化产物充分黏结在一起，加强了混凝土水化物各部分之间的黏结，在混凝土破坏过程中，掺入混凝土中的碳纤维能够抑制裂缝的发展，并且吸收裂缝发展的能量，从而提升混凝土的强度；当碳纤维掺量超过一定量时，碳纤维之间易凝聚成团，在混凝土的搅拌过程中难以分散均匀，这些纤维团不仅减低了混凝土拌合物的和易性，使混凝土难以振捣密实，而且在混凝土硬化后，这些分布不均匀的碳纤维团在混凝土中形成薄弱区，降低混凝土的强度。

9.4 小结

根据机场道面的使用特性，其混凝土材料的力学性能具有一定要求，本章分别分析了磁铁矿碎石、粉体吸波剂掺料和碳纤维对混凝土力学性能的影响。

磁铁矿骨料能够提升混凝土强度，且随着磁铁矿掺量的增大提升效果越来越明显，与普通混凝土（PC）相比，磁铁矿掺量100%的混凝土（MC-3）抗压强度提升14.4%，抗折强度提升18.4%，耐磨度提升36.6%。

粉体吸波剂掺料会降低混凝土强度，其降低混凝土强度的幅度由大到小排列为：单掺石墨、复掺石墨/铁黑和单掺铁黑。

碳纤维在一定程度上能够提升混凝土强度，但是当碳纤维掺量过大时，混凝土的强度也会降低，尤其是当碳纤维体积掺量达到5‰时，混凝土的强度甚至低于普通混凝土强度。

第 10 章　微波除冰效率影响因素分析

微波除冰效率是一个抽象概念，在对其展开系统研究之前，需要确定其具体的评价指标，为研究机场道面微波除冰性能确定统一的标准。第 2 章的研究结果表明，机场道面微波除冰过程是一个复杂的磁-热耦合过程，影响因素较多，作用机理较复杂。其中，机场道面混凝土是微波能量吸收的主要载体，其吸波特性直接关系到微波除冰效率的高低，而混凝土的吸波特性与其基体材料的电磁性能密切相关。因此，机场道面基体材料的电磁性能是影响其微波除冰性能的物质基础。微波除冰过程是将微波能转化为冰层融化的热能，因此，微波场是影响其微波除冰性能的能量载体。微波除冰过程中受到冰层厚度、环境温度等环境因素的影响，因此，环境因素是影响其微波除冰性能的外部条件。为了提高机场道面微波除冰效率，有必要对影响微波除冰效率的关键因素展开深入研究，为机场道面微波除冰技术的推广应用奠定理论基础。

本章首先采用仿真与试验相结合的研究手段，分析机场道面微波除冰的特点，明确微波除冰效率的评价指标；然后，从水泥浆、水泥砂浆和普通混凝土三个层面分析机场道面基体材料的电磁性能；最后，研究微波场因素对微波除冰性能的影响，确定辐射腔端口最佳高度，探索环境温度、冰层厚度等环境因素对微波除冰性能的影响，为微波除冰技术在实际工程中的应用提供理论指导。

10.1　微波场因素影响

微波场是微波的能量载体，微波与介质相互作用发生能量的传递和转换都是通过微波场实现的，分析微波场特性对于研究微波能量变化极其重要。在微波除冰过程中，辐射腔端口高度的设计是十分重要的，要求既能使除冰效率最高，又能满足实际工程的需要。微波场在除冰过程中的分布十分复杂，目前许多理论还无法给出精确的解析解，鉴于此，本书采用仿真的手段分析微波场在除冰过程中的分布规律，掌握微波能量在微波场中的变化规律。关于辐射腔端口高度的设计，本书采用仿真与试验相结合的手段研究端口高度与除冰效率的关系，结合实际工程的需要，确定最佳的辐射腔端口高度。

10.1.1 微波场特性

微波是由磁控管的阴极和阳极在超高电压下激励产生，并通过磁控管天线向外辐射的。辐射的微波首先通过波导传输至辐射腔，在辐射腔中谐振激发；然后向机场道面定向辐射，在与道面材料相互作用的过程中发生能量传递和转换。微波在传输过程中伴随着微波场的存在，研究微波场的特性有助于理解和分析微波与机场道面作用机理，从而提高机场道面微波除冰效率。

以 COMSOL Multiphysics 软件为平台，建立机场道面微波除冰仿真模型，机场道面铺筑材料为普通混凝土，初始温度为 $-10℃$，微波输入功率为 2kW，频率为 2.45GHz，冰层厚度为 15mm，辐射腔端口高度为 55mm，混凝土电磁参数 ε' 为 7.24，ε'' 为 0.44，$\tan\delta_e$ 为 0.06，μ' 为 1.00，μ'' 为 0.02，$\tan\delta_m$ 为 0.02，仿真模型中其他参数的设置及模型的建立过程参考第 3.2 节中相关内容。运行软件得到仿真结果。由于混凝土几乎不具备磁损耗能力，本书以微波除冰模型的电场分布为例分析微波场特性。由于水对微波具有较强的吸收能力，而冰层几乎不能吸收微波，因此冰层融化成水后对微波场的分布会产生一定的影响，本书以冰层融化前的电场为例分析微波场特性，图 10-1 所示为微波除冰过程中电场的分布图。

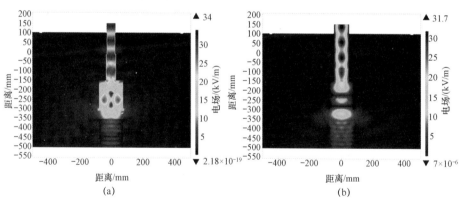

图 10-1 电场二维分布图（见彩图）
(a) XOZ 平面；(b) YOZ 平面。

由图 10-1 可知，电场的分布具有较强的对称性，电场模形成的空间图像就像一个紧挨一个的"圆柱体"排列在波导内，在圆柱体的中心部位电场模最大；微波进入辐射腔后，虽然电场模明显变小，但是电场的均匀性明显得到改善，同时其空间对称性仍然存在；微波离开辐射腔后，仅在辐射腔和混凝土表面之间部分存在一定的电场，其他部分电场很快衰减；微波传输至冰层时，冰层界面并没有引起电场模的突变,表明冰层几乎不与微波发生作用。

图 10-2 所示为电场随波导中心轴的变化规律,图中横坐标"距离"表示测试点离矩形波导端口的距离。

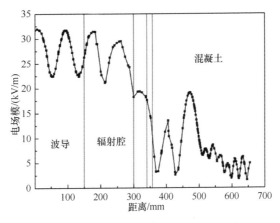

图 10-2　电场沿波导中心轴的变化规律

由图 10-2 可知,电场模在波导内呈正弦变化,最大值为 31.9kV/m,最小值为 22.5kV/m;进入辐射腔后,最大值降为 29.5kV/m,最小值降为 18.3kV/m;进入混凝土内部后,电场模逐渐变小。

微波传输到混凝土表面时会同时发生反射和透射现象,首先分析微波发生的反射情况,图 10-3 所示为冰层融化前微波反射形成的电场在混凝土表面的二维分布图。

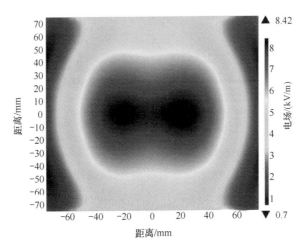

图 10-3　电场在混凝土表面的二维分布图(见彩图)

图 10-4 为微波反射形成的电场在混凝土表面 X 轴和 Y 轴方向上的分布规律。

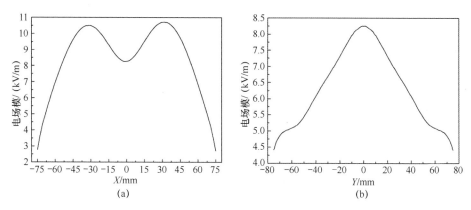

图 10-4 电场在混凝土表面两个垂直方向的变化规律
(a) X 轴；(b) Y 轴。

由图 10-3 和图 10-4 可知，电场在混凝土表面具有较强的对称性，在 X 轴方向上，电场模的分布形式为"M"形，电场模最大值在混凝土表面中心两边一定位置对称分布，其值为 10.72kV/m；电场模最小值在混凝土表面边缘，其值为 2.71kV/m；混凝土表面中心电场模为 8.25kV/m。在 Y 轴方向上，电场模的分布形式为"Λ"形，电场模最大值在混凝土表面中心，其值为 8.25kV/m；电场最小值在混凝土表面边缘，其值为 4.41kV/m。可以看出，微波反射形成的电场并不是集中在混凝土表面中心位置，而是形成以混凝土表面 X 轴方向对称分布的电场模峰值为顶点，向周围逐渐降低的三维立体形式，由图 10-3 中的二维分布图可很明显看出该特点。

然后，分析微波在混凝土表面的透射情况，图 10-5 所示为电场在混凝土和冰层内部的二维分布图。

图 10-6 为电场在混凝土表面以下 10 mm 处 X 轴和 Y 轴方向上的变化规律。

由图 10-5 和图 10-6 可知，电场的透射情况与反射情况正好相反。以混凝土表面以下 10mm 处的电场分布为例，在 X 轴方向上，电场模的分布形式为"Λ"形，电场模最大值在混凝土表面中心，其值为 7.41kV/m；电场最小值在混凝土表面边缘，其值为 0.56kV/m。在 Y 轴方向上，电场模的分布形式为"M"形，电场模最大值在混凝土表面中心两边一定位置对称分布，其值为 8.26kV/m；电场模最小值在混凝土表面边缘，其值为 4.06kV/m；混凝土表面中心电场模为 7.31kV/m。同时可以看出，电场模沿 Z 轴方向是逐渐减小的，表面微波在混凝土中传播时会产生损耗。

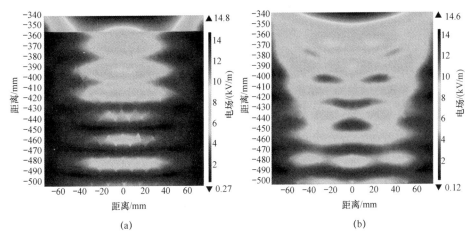

图 10-5　电场在混凝土内部的二维分布图（见彩图）
(a) XOZ 平面；(b) YOZ 平面。

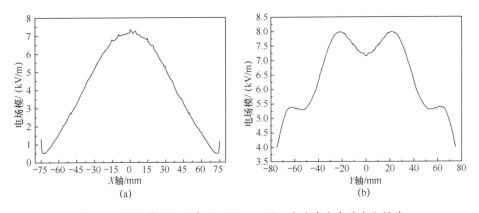

图 10-6　电场在混凝土表面下 10 mm 处两个垂直方向的变化规律
(a) X 轴；(b) Y 轴。

10.1.2　辐射腔端口高度

从辐射腔端口到混凝土表面的距离称为辐射腔端口高度。微波离开辐射腔后在空气中衰减速度非常快，考虑到机场道面微波除冰的实际情况，辐射腔端口不能直接紧贴在道面上。为此，需要设计一个合适的辐射腔端口高度，要求既能满足机场道面除冰工艺的需要,又能使除冰效率达到最佳。本书采用仿真和试验相结合的手段研究辐射腔端口高度与微波除冰效率的关系,辐射腔端口高度分别设定为 20~70mm,间隔 5mm,根据研究结果确定辐射腔端口最佳高度。

1. 仿真研究

本节建立机场道面微波除冰仿真模型,研究辐射腔端口高度与微波除冰性能的关系,机场道面铺筑材料以普通混凝土为例,模型中的参数设置及其建立过程参考第 3.2 节中相关内容,辐射腔端口高度分别设定为 20~70mm,间隔 5mm。

图 10-7 所示为冰层融化前,不同辐射腔端口高度下混凝土表面微波发热功率密度。

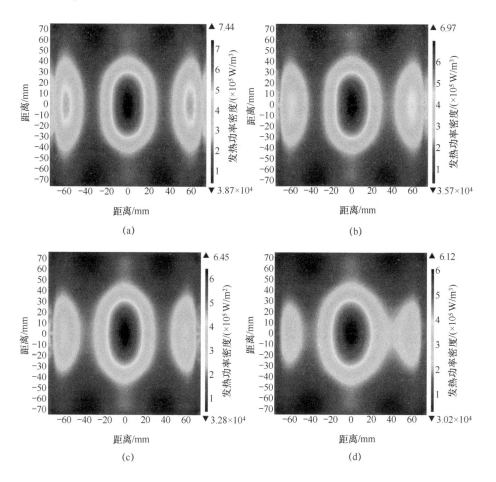

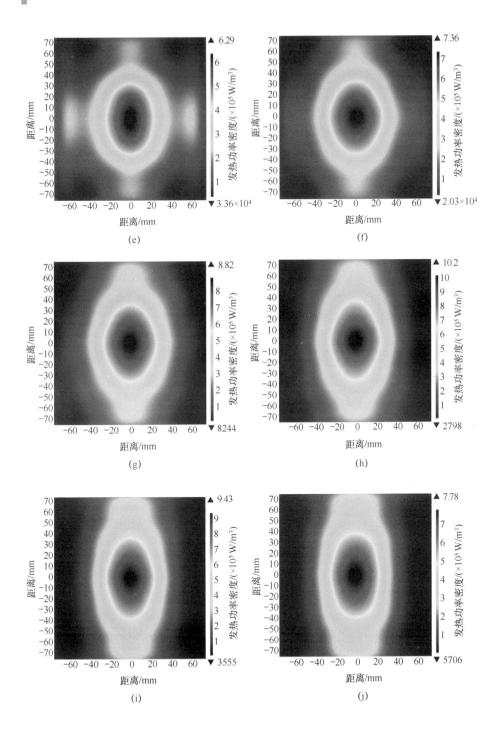

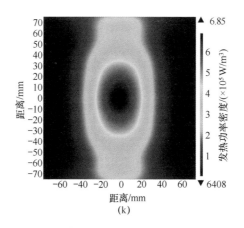

图 10-7 混凝土表面微波发热功率密度（部分见彩图）

(a) 20mm；(b) 25mm；(c) 30mm；(d) 35mm；(e) 40mm；(f) 45mm；(g) 50mm；(h) 55mm；(i) 60mm；(j) 65mm；(k) 70mm。

由图 10-7 可知，微波发热功率密度在混凝土表面的分布形状与辐射腔端口高度有关。随着辐射腔高度增大，微波发热功率密度的分布形状由"三点分布"向"椭圆分布"转变。微波发热功率密度是微波能转化为热量的效率，因而其分布形状对微波加热的均匀性十分重要，进而影响微波除冰的除净率。在机场道面微波除冰过程中，由于微波源是挂载在除冰车底盘上，因此微波加热区域是移动的。

图 10-8 所示为微波加热区域移动示意图。

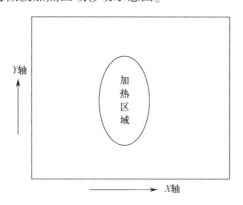

图 10-8 微波加热区域移动示意图

结合图 6-21 中微波除冰系统加热区域的分布，由图 10-8 可知，对于"三点分布"的微波发热功率密度，如果微波除冰系统沿 X 轴方向移动，由于加

热区域子在 Y 轴方向上覆盖比例较少，则平行相邻微波源之间的冰层难以被微波加热区域覆盖，冰层的除净率不高；如果微波除冰系统沿 Y 轴方向移动，则三个相邻加热区域之间的冰层难以被微波加热区域覆盖，冰层的除净率也不高。但是，对于"椭圆分布"的微波发热功率密度，由于微波加热区域在 Y 轴方向上覆盖比例较大，如果微波除冰系统沿 X 轴方向移动，则同排内相邻加热区域之间的冰层会被相邻排的加热区域所覆盖，其他小部分冰层也能在周边冰层的挤压下脱离道面。因此，"椭圆分布"的微波发热功率密度比"三点分布"的更加有利于机场道面微波除冰。

图 10-9 为不同辐射腔端口高度下混凝土表面的平均微波发热功率密度，图 10-10 为不同辐射腔端口高度下混凝土表面中心温度随时间的变化规律。由图 10-9 可知，辐射腔端口高度为 55mm 时，混凝土表面的平均微波发热功率密度达到最大，其值为 299.30kW/m。由图 10-10 可知，辐射腔端口高度为 55mm 时，混凝土表面升温速度最快。综上所述，结合机场道面微波除冰的实际需要，以及除冰过程中路面平整度的影响，辐射腔端口高度可设计为 55mm。

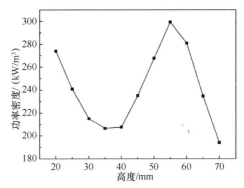

图 10-9 发热功率密度随端口高度的变化

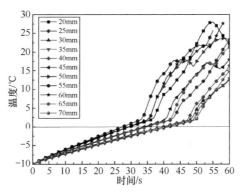

图 10-10 不同辐射腔端口高度下混凝土表面中心温度随时间的变化

2. 试验研究

为了验证仿真模型的准确性，合理确定辐射腔端口高度的最佳值，本书进行了相应试验。依据冰层的透波特性，在研究辐射腔端口高度与微波除冰性能关系时，可不考虑冰层的影响，采用无冰升温试验进行。试验设备采用与微波除冰试验相同的设备，如图10-11所示，通过螺杆上圆形把手调节螺杆的伸出长度，从而控制辐射腔端口高度。

图 10-11　无冰升温试验设备

以混凝土表面中心的温度变化规律为指标，研究不同辐射腔端口高度下微波在混凝土表面的发热效率。通过粘贴在混凝土表面中心的 YT-PL 光纤温度传感器记录混凝土表面的温度变化。初始温度 10℃ 左右，不同辐射腔端口高度下混凝土表面的温度变化规律如图10-12所示。

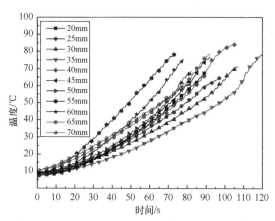

图 10-12　初始温度 10℃ 左右，不同辐射腔端口高度下混凝土表面温度随时间的变化

对图 10-12 中不同升温曲线进行拟合，得到拟合参数，其结果见表 10-1。

表 10-1　不同辐射腔端口高度下混凝土表面升温曲线的拟合参数

高度/mm	20	25	30	35	40	45
升温速率/（℃/s）	0.809	0.619	0.537	0.474	0.690	0.742
Person 相关系数	0.994	0.989	0.987	0.986	0.979	0.975
高度/mm	50	55	60	65	70	
升温速率/（℃/s）	0.725	1.031	0.880	0.741	0.659	
Person 相关系数	0.975	0.995	0.979	0.986	0.997	

由图 10-12 和表 10-1 可知，辐射腔端口高度从 20mm 变化到 70mm，混凝土表面升温速率的变化趋势为先变小、后增大、最后再减小。当高度为 45mm 和 50mm 时，混凝土表面升温速率有一点异常，这是试验误差引起的。当高度为 55mm 时，混凝土表面升温速率达到最大值，其值为 1.031℃/s。很显然，仿真研究与试验研究得到的结果是一致的，表明本书建立的机场道面微波除冰模型具有较高的准确性。

综上所述，微波除冰过程中辐射腔端口高度设计为 55mm。

10.2　环境因素影响

环境因素是指机场道面微波除冰所处的工作环境，主要包括环境温度和冰层厚度等。本节将分析这些因素对机场道面微波除冰效率的影响，为微波除冰技术在实际工程中的应用提供理论依据。

10.2.1　环境温度

为了分析环境温度对机场道面微波除冰性能的影响，本书分别在不同温度下制备试件表面的冰层，其温度分别为 -10.8℃、-15.2℃、-25.7℃，然后以该温度为初始温度进行微波除冰试验，以微波除冰效率的对比评价指标为参考分析环境温度对微波除冰性能的影响，测试混凝土试件表面中心（关键点 1）的温度变化规律，微波除冰试验步骤及相关设备参考第 6.1 节中相关内容。

图 10-13 所示为不同温度下制备的试件冰层情况，并测量各自冰层厚度。由图 10-13 可知，不同温度下制备的试件冰层厚度基本都控制在 14mm 左右，这是为了在分析环境温度对微波除冰性能影响时消除冰层厚度的交叉影响。

图 10-14 为不同初始温度下微波除冰前后冰层的变化情况。

第10章 微波除冰效率影响因素分析

图 10-13 不同温度下制备的试件冰层情况

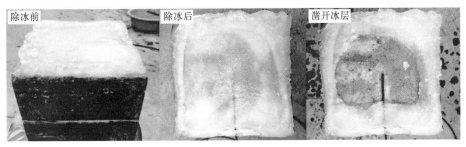

(a)

(b)

(c)

图 10-14 不同初始温度下微波除冰前后冰层的变化
(a) $-10.8℃$；(b) $-15.2℃$；(c) $-25.7℃$。

由图 10-14 可知，微波作用后，混凝土表面大部分冰层基本脱离，靠近混凝土表面的冰层先融化成水，在冰层内部形成一个充满液态水的空间，将表面冰层凿开后，可看到下部冰层已经融化，周围没有融化的冰层，与混凝土表面的冻粘力也大大降低。同时可以看出，不同初始温度下，微波作用后冰层融化的面积和形状比较接近，表明环境温度对微波作用范围几乎没有影响。

根据图 10-15，对试件土表面升温曲线进行拟合，得到其拟合公式如下：

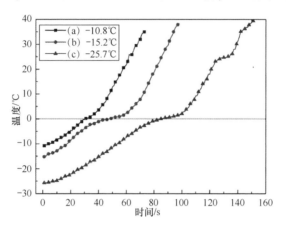

图 10-15 不同初始温度下试件表面温度的变化规律

冰层融化前，有

$$\begin{cases} (a): T = 0.378t - 11.984 \\ (b): T = 0.372t - 15.915 \\ (c): T = 0.368t - 29.600 \end{cases} \quad (10\text{-}1)$$

冰层融化后，有

$$\begin{cases} (a): T = 1.002t - 37.679 \\ (b): T = 1.075t - 66.894 \\ (c): T = 0.949t - 95.309 \end{cases} \quad (10\text{-}2)$$

冰层融化前，混凝土吸波性能对除冰性能影响起主要作用。环境温度能够影响混凝土电磁参数，进而影响混凝土吸波性能。由式（10-1）可知，初始温度-10.8℃、-15.2℃、-25.7℃下，冰层融化前混凝土表面中心的升温速率分别为 0.378℃/s、0.372℃/s、0.368℃/s。随着初始温度降低，混凝土表面升温速率也降低，但是降低的幅度不大。同时，随着初始温度降低，在升温速率变化不大的情况下，混凝土表面的除冰时间将延长。冰层融化后，冰融化的水具有较强的吸波性能，对混凝土表面的升温速率提升很大。由式（10-2）可知，初始温度-10.8℃、-15.2℃、-25.7℃下，冰层融化后混凝土表面中心的升温速率分别为 1.002℃/s、1.075℃/s、0.949℃/s。冰层融化后混凝土表面的升温速率大大提升，但是随着初始温度下降，混凝土表面的升温速率变化规律不明显。

综上所述，环境温度对微波除冰效率的影响较小，在机场道面微波除冰技术的实际应用中可忽略不计。同时可看出，初始温度越低，微波除冰时间越长。

10.2.2 冰层厚度

由于机场道面上各处水分的含量往往是不同的，因而凝结形成的冰层厚度往往也不同。因此，在研究机场道面微波除冰性能时，有必要分析冰层厚度对微波除冰性能的影响。本节分别制备了冰层厚度为 10mm、15mm、20mm 的试件，测试混凝土试件表面中心（关键点1）的温度变化规律，以微波除冰效率的对比评价指标为参考分析冰层厚度对微波除冰性能的影响，微波除冰试验步骤及其设备参考 6.1 节中相关内容。图 10-16 所示为不同厚度冰层的制备情况。

图 10-16 不同厚度冰层的制备情况

由图 10-16 可知，制备的冰层厚度分别为 10mm、15mm、20mm。不同厚度冰层制备完成后，采用微波除冰室内试验装置进行微波除冰试验，试件表面的温度变化规律如图 10-17 所示。

根据图 10-17，对试件表面升温曲线进行拟合，得到其拟合公式如下：

冰层融化前，有

$$\begin{cases} (a): T = 0.355t - 15.650 \\ (b): T = 0.372t - 15.915 \\ (c): T = 0.370t - 15.496 \end{cases} \quad (10\text{-}3)$$

冰层融化后，有

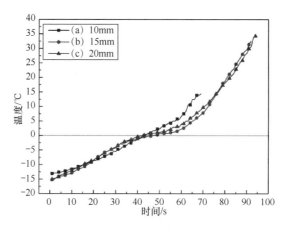

图 10-17 不同冰层厚度试件表面的温度变化规律

$$\begin{cases} (a): T = 1.035t - 55.237 \\ (b): T = 1.002t - 37.679 \\ (c): T = 1.040t - 64.277 \end{cases} \quad (10\text{-}4)$$

由式（10-3）可知，冰层融化前，不同冰层厚度试件表面中心的升温速率分别为 0.355℃/s、0.372℃/s、0.370℃/s，表明冰层厚度对试件表面的升温速率没有影响，这也证明了冰层具有透波特性，微波能够透过冰层与试件发生作用，产生热量融化冰层。由式（10-4）可知，冰层融化后，不同冰层厚度试件表面的升温速率分别为 1.035℃/s、1.002℃/s、1.040℃/s。结果表明，冰层融化成水后，试件表面中心的升温速率增长，不同冰层厚度试件表面的升温速率比较接近，这主要是由于冰层融化成水后，水在微波作用下具有较高的微波发热效率，因而使得试件表面中心的升温速率增大，由于不同冰层厚度试件表面的升温速率比较接近，因此它们冰层融化成水的速率也比较接近，从而使得冰层融化后试件表面的升温速率同样比较接近。

综上所述，冰层厚度对机场道面微波除冰性能几乎没有影响，表明微波除冰技术对薄冰和厚冰具有同样的除冰效果。

10.3　小结

本章以机场道面微波除冰性能为研究对象，系统研究了微波场因素和环境因素对微波除冰性能的影响，主要结论如下。

分析微波除冰过程中的微波场特性，分析微波除冰过程中的微波场特性，得出辐射腔端口最佳高度可设计为 55mm。竖直方向上，微波在波导中呈正弦变化，进入辐射腔后略有降低，进入混凝土后逐渐降低。平面方向上，微波在混凝土表面的反射与透射正好相反，微波透射波在 X 轴方向上，电场模最大值在混凝土表面中心，其值为 7.41kV/m，电场最小值在混凝土表面边缘，其值为 0.56kV/m；在 Y 轴方向上，电场模最大值在混凝土表面中心两边一定位置对称分布，其值为 8.26kV/m，电场模最小值在混凝土表面边缘，其值为 4.06kV/m，混凝土表面中心电场模为 7.31kV/m。

采用仿真和试验相结合的研究手段，研究了辐射腔端口高度与微波除冰性能的关系，得出辐射腔端口最佳高度可设计为 55mm。

环境温度对微波除冰效率的影响较小，在机场道面微波除冰技术的实际应用中可忽略不计，同时可得出，初始温度越低微波除冰时间越长。冰层几乎不吸收微波，冰层厚度对机场道面微波除冰性能几乎没有影响。

第 11 章 微波除冰技术现场应用

本书分别采用理论分析、仿真模型和室内试验等方法研究了微波除冰技术特点，确保了微波除冰技术的合理性和有效性，但是将其应用于实际工程中才是研究的初衷和根本。在应用微波除冰技术之前，首先需要对微波除冰系统进行优化设计，实现微波加热、破碎冰层、收集碎冰等系列功能，保证微波除冰的目的在应用中得到有效实现。实际工程中，机场道面的环境比较复杂，尤其是一些严寒地区和高海拔地区，受到多种环境因素的综合影响，同室内试验模拟的环境条件相比，现场试验的环境条件更加复杂多变。由此可见，为了使机场道面微波除冰技术的研究方法更加科学合理，研究结果更加真实可靠，还需在室内试验的基础上进行现场试验。

本章首先对机场道面微波除冰系统进行初步设计，研究除冰系统各个组成部分，对其关键部件进行优化设计，对微波系统的防泄漏设计进行安全性分析，同时，以微波加热系统为基础，设计并制作小比例微波除冰车。然后在哈尔滨某机场进行现场试验，以厚冰和薄冰两种冰层为例，对比分析冰层厚度对微波除冰效果的影响，分别以普通混凝土（PC）、磁铁矿骨料混凝土（MC）、复掺石墨/铁黑混凝土（CFeC）和碳纤维改性混凝土（CFC）为铺筑材料浇注试验段，对比分析不同机场道面混凝土的微波除冰性能。最后，根据微波除冰现场试验结果，对微波除冰技术在机场冬季道面除冰中的应用技术进行分析。

11.1 微波除冰系统初步设计

机场道面微波除冰系统是指利用微波加热装置使冰层与道面分离，然后通过破冰装置将分离冰层破碎，再通过碎冰清扫装置将碎冰收集起来的系统。在微波除冰技术应用之前，首先需要对微波除冰系统进行初步设计，分析其关键部件设计原理，研究其微波系统安全性，实现微波加热、破碎冰层和收集碎冰等功能。

11.1.1 系统组成

根据微波除冰技术特点，微波加热仅仅使冰层与道面之间的冻粘力消失，冰层与道面分离，要达到除冰的目的，还必须借助其他机械力量将分离的冰层破碎并清除干净。机场道面微波除冰系统就是要实现微波加热,破碎冰层和收集碎冰等系列功能,因此,将微波除冰系统与机场道面工程车相结合,初步设计机场道面微波除冰系统,如图11-1所示。

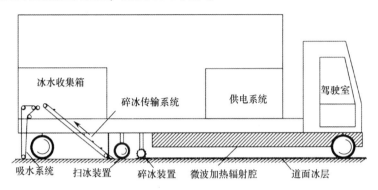

图11-1　机场道面微波除冰系统示意图

由图11-1可知,机场道面微波除冰系统由微波加热系统、碎冰系统、碎冰清扫系统、残留水分吸干系统和车载系统组成。微波除冰过程为:首先,微波加热系统产生微波并向机场道面辐射,道面与微波作用产生微波热,温度逐渐升高,同时冰层不断从机场道面吸收热量,冻粘力逐渐消失,冰层与道面分离;然后,分离的冰层在碎冰装置机械挤压力作用下发生破碎;紧接着,碎冰清扫系统通过清扫筒作用,将碎冰清扫至碎冰传输带上,通过传输带将碎冰传输至冰水收集箱中;微波作用后,由于机场道面存在一定的温度,在碎冰被清除干净后,难免在机场道面上残留一部分水分,因此,在微波除冰系统的尾部设计有残留水分吸干系统,保证微波除冰系统将道面上的水分彻底清除干净,防止道面再次结冰。

11.1.2　关键部件设计

1. 微波加热系统

微波加热系统是微波除冰系统的核心,微波在磁控管中激发产生并通过波导向外传输,然后在辐射腔发生谐振后向机场道面辐射,道面与微波发生相互作用产生热量,融化冰层黏结层。由此可见,磁控管、波导和辐射腔是微波加热系统的重要组成部件。

本书微波除冰系统采用的磁控管如图11-2所示,型号2M278,连续波磁控管,固定频率2450MHz,功率1950W,风冷系统风速大于$1.5m^3/min$,VSER不大于1.1,灯丝电压3.4V,阳极平均电流725mA,预热试件5s。

波导采用辐射型波导如图 11-3 所示，其设计图纸如图 11-4 所示。

图 11-2 2M278 磁控管

图 11-3 辐射型波导

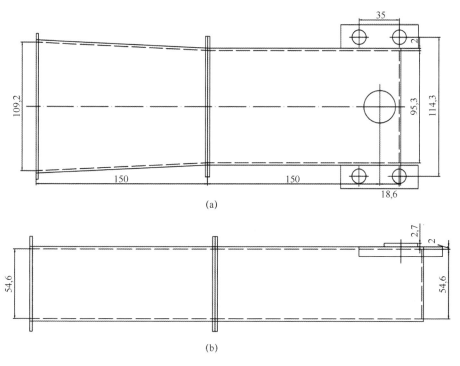

图 11-4 辐射型波导设计图
(a) 正视图；(b) 侧视图。

辐射腔如图 11-5 所示，谐振腔是利用金属对微波具有屏蔽盒反射的特性，腔体由五块金属片焊接而成,其中,四面是封闭的金属片,顶面金属片预留波导口端口,辐射腔与波导的连接采用铆接,保证无微波泄漏。室内试验微波除冰简易试验装置的高度连接螺杆就是与辐射腔顶部通过焊接连接的。

图 11-5 辐射腔

2. 破冰系统

破冰系统是在微波加热系统之后,将分离冰层破碎的系统,破冰系统如图 11-6 所示,要求其在破碎冰层过程中不能对道面产生机械损伤。破冰刀示意图如图 11-7 所示。

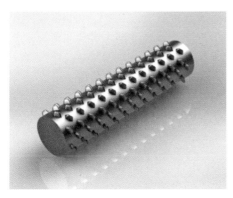

图 11-6 破冰系统

由图 11-6 可知,破冰系统由驱动滚筒和破冰刀组成。驱动滚筒为破冰系统提供动力,并为破冰刀提供载体。破冰刀是破碎冰层的主要部件,镶嵌在驱动滚筒上,在驱动滚筒前进过程中,破冰刀通过机械挤压作用将分离冰层破碎。为了降低破冰刃破碎冰层过程中对机场道面的机械损伤，将破冰刃的刃角部位设计为钝角。

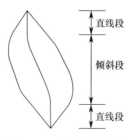

图 11-7　破冰刃示意图

由图 11-7 可知，破冰刃外形构造由三部分组成，分别为两端直线段和中间倾斜段。破冰刃破碎冰层的过程为：首先前端直线段切开冰层，然后中间倾斜段破碎冰层，最后后端直线段再次切开冰层。破冰刃在驱动滚筒圆周上等间距分布，每个圆周分布 7 个，相邻圆周上的破冰刃错开一定角度，在驱动滚筒上螺旋分布，从而保证最大限度地破碎冰层。

3. 碎冰清扫系统

碎冰清扫系统的主要部件是清扫筒和传输带，破冰系统将分离的冰层破碎成碎冰后，碎冰清扫系统通过清扫筒的强力作用，将碎冰转移至碎冰传输带上，然后被传输至冰水收集箱中，如图 11-8 所示。清扫筒圆周上紧密镶嵌有 6cm 长的硬质纤维束，在碎冰清扫过程中，清扫筒高速旋转，带动硬质纤维束不断清扫道面，从而将碎冰清扫至传输带上。

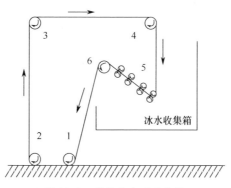

图 11-8　残留水分吸干系统

4. 残留水分吸干系统

微波加热系统产生的微波使道面温度升高，所以在微波除冰过程中，不可避免地会在道面上残留部分水分。这些残留的水分如果不及时清除干净，就会在道面上重新凝结为一层薄冰，降低道面的摩擦系数，对飞机的滑跑产生较大的危害。据此，本书在微波除冰系统的尾部设计残留水分吸干系统，如图 11-8 所示。残留水分吸干系统的主要部件为吸水皮带，吸水皮带上层为吸水海绵，下层为弹性皮带，中间通过强力胶粘合，如图 11-9 所示。要求所使用的吸水海绵具有吸水速度快，吸水量大，且在挤压作用下能够快速释放其内部含有水分的特点。

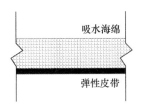

图 11-9 吸水皮带

如图 11-8 所示，轮 1、2、3、4 和轮组 5 的上排轮为主动轮，其他轮为从动轮。吸水皮带是通过吸水海绵与道面接触来吸收道面上残留水分的，为了保证吸水皮带在与机场道面接触过程中不发生磨损，要求主动轮的转速应与除冰系统的前进速度相匹配。微波除冰系统前进过程中，位于轮 1 和轮 2 之间的吸水皮带吸收道面上残留的水分，随后，被吸收的水分随着皮带转动，当转动至轮组 5 时受到两个轮子的挤压作用，被吸收的水分被挤出，流入冰水收集箱中，从而达到有效清除道面上残留水分的目的。

11.1.3 安全性设计

微波是一种无形无色的能量，人类无法通过视觉对其进行观察，具有内外同时加热、加热时间短、升温速度快等特点。当微波能量超过一定量的时候，就会对人体产生不良影响。微波武器就是利用微波能量破坏目标或使目标丧失效能的特殊武器。微波对人体的伤害作用分为"非热效应"和"热效应"两种。"非热效应"是指微波能量较低时，使人体产生头痛、头昏、烦躁、记忆减退和神经错乱等问题；"热效应"是指微波能量较高时，使人体皮肤灼热、皮肤及内部组织严重烧伤或致死的现象。我国规定工业微波加热设备微波泄漏量为：距离设备 5cm 处测得的微波能量小于 $5mW/cm^2$。正常情况下（不超过国家规定的微波泄漏量），人体对上述微波能量是可承受的。由于微波除冰系统利用的微波能量较高，为了防止微波泄漏对人体产生伤害，必须制定一定的预防性措施。

微波除冰系统的防辐射安全性设计主要包括微波设备防泄漏设计和操作人员防辐射设计。

微波设备的防泄漏设计就是要保证微波从产生到辐射的整个过程中传输系统的电气密性，防止波导各个连接部件、波导与辐射腔的连接部位、辐射腔的各个部件出现缝和槽。这是因为在微波的传输过程中，缝和槽会切断波导壁电流的传输，形成新的发射源向外辐射微波能量，造成微波泄漏。做好微波设备的防泄漏设计，首先要做到的是微波源的微波防泄漏。磁控管的微波泄漏通常发生在灯丝插头处和天线馈口处。灯丝插头的微波泄漏通常采用 LC 滤波器进行抑制，其中，串心电容的质量对滤波器的抑制效果影响很大。因此，必须对磁控管的结构进行优化设计防止微波泄漏。天线馈口处的微波泄漏可采用外翘金属边进行反射，通常情况下，磁控管天线馈口与波导的弹性铜丝编织网接触不良会引起严重的微波泄漏，由于金属对微波具有反射性质，因此在天线馈口处设计外翘金属边对微波反射，这样就可防止微波在天线馈口处向外泄露。同时，要求波导壁和磁控管安装平面平整，保证在组装时能够无间隙装配。然后是要做到波导和谐振腔的微波防泄漏。波导采用图 11-4 所示的辐射型波导，波导内壁经过打磨加工，满足微波传输条件，波导各段连接采用铆接，保证连接平顺，无间隙。辐射腔微波泄漏处为各连接处，要求保证各连接处配合严密，辐射腔与波导连接采用铆接，各金属片之间采用点焊连接。

操作人员防辐射设计主要是指对微波除冰系统驾驶室的电磁屏蔽设计。由于微波除冰系统采用的微波功率大、能量高，而且在除冰过程中，微波处于开放环境中，因此仅仅做好微波设备的防泄漏设计，不能完全减少微波对操作人员的伤害。驾驶室四周的主要部件为金属，对微波具有反射特性，不需要做特别的电磁屏蔽设计。驾驶室内车门四周，玻璃窗口和一些必要孔洞是电磁屏蔽设计主要考虑的部位。车门四周可采用抗流槽结构来对微波进行屏蔽。玻璃窗口可参考微波炉玻璃门的电磁屏蔽设计，采用细金属网对微波屏蔽。一些必要孔洞的空隙部分可采用含 Ni-Cu-Zn 系带有磁性、铁氧体含量不超过 50% 的橡胶密封材料进行密封，对微波进行屏蔽。

11.1.4　小比例微波除冰车

为了检验微波除冰技术在实际工程中的应用效果，本书以微波加热系统为基础，设计并制作了小比例微波除冰车，如图 11-10 所示。小比例微波除冰车微波加热系统由 9 个磁控管组成，输入电压 380V，总功率 18kW，每个磁控管功率 2kW，频率 2.45GHz，辐射腔尺寸 0.6m×0.5m×0.2m，车轮设置在微波除冰车四角，前两轮为万向轮，后两轮为定向轮，在车轮顶部设计有带螺纹的螺杆，实现辐射腔端口高度的连续调节。

图 11-10　小比例微波除冰车

11.2　现场试验

在哈尔滨某机场进行机场道面微波除冰现场试验，采用小比例微波除冰车作为微波除冰设备。以厚冰和薄冰两种冰层为例，对比分析冰层厚度对微波除冰效果的影响。同时，分别以普通混凝土（PC）、磁铁矿骨料混凝土（MC）、复掺石墨/铁黑混凝土（CFeC）和碳纤维改性混凝土（CFC）为铺筑材料浇注试验段，对比分析不同机场道面混凝土的微波除冰性能。

11.2.1　场地概况

现场试验的场地选择在哈尔滨某机场附近。哈尔滨位于我国最北部，是我国维度最高的大都市，属于中温带大陆性季风气候，气候特点四季分明，冬季漫长而寒冷，全年平均气温 5.6℃，一月份最冷，月平均气温-15.8℃，平均最低气温在-24℃左右，曾出现过-38℃的极端最低气温，七月份温度最高，月平均气温 22℃。根据哈尔滨的气候特点，冬冷夏暖，比较适合进行微波除冰现场试验，本书选择七月份进行浇注现场试验段，一月份进行微波除冰现场试验。

11.2.2 原材料及配比

分别以 PC、MC、CFeC 和 CFC 为铺筑材料浇注机场道面试验段，试验段所用的原材料与室内试验的保持一致，MC 中磁铁矿掺量为 100%，配合比见表 3.7；CFeC 中石墨和铁黑掺量分别为 2% 和 4%，配合比见 5.2 节；CFC 中碳纤维体积掺量为 1‰，配合比见 5.2 节。

11.2.3 试验段道面板设计

根据哈尔滨地区气候特点，在进行试验段道面板结构设计时，除了需要考虑其强度特性和耐久性要求外，同时还需要考虑其抗冻性要求。本书设计的试验段道面板结构如图 11-11 所示，压实土基上设置有 40cm 级配砂砾垫层作为防冻层，垫层上为 20cm 水泥稳定级配砂砾底基层和 20cm 水泥稳定级配砂砾基层，基层上为 20cm 混凝土面层。除混凝土面层所用的铺筑材料不同外，PC、MC、CFeC 和 CFC 四块道面板的其他结构完全相同，每块道面板尺寸为 3m×3m。为了保证试验段浇筑的施工温度，试验段的浇筑时间选择在气温较高的七月份进行。

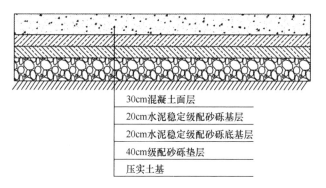

图 11-11　试验段道面板结构示意图

11.2.4 微波除冰现场试验

试验段道面板浇筑完成后，采用小比例微波除冰车进行微波除冰现场试验。根据哈尔滨地区气候特点，现场试验的时间选择在一月份进行。以厚冰和薄冰两种冰层为例，分析冰层厚度对微波除冰效果的影响。同时，分别在 PC、MC、CFeC 和 CFC 四块道面板进行微波除冰试验，分析不同混凝土类型对微波除冰性能的影响。

1. 冰层厚度

在进行微波除冰现场试验前,首先制备道面冰层。如图 11-12 所示,现场温度传感器测得的道面板温度为 -12.3℃,残留在道面板上的水分在低温的作用下,很快就会凝结形成冰层。因此,现场试验道面板冰层的制备可通过直接在道面板上洒水来完成。本书以 PC 道面板为例,分别制备厚冰和薄冰两种冰层,微波除冰时辐射腔端口高度距离道面板 55cm,冰层效果如图 11-13 所示。

图 11-12 现场测得的道面板温度

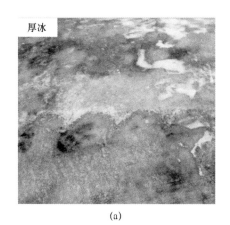 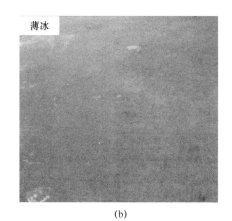

(a)　　　　　　　　　　　　　　(b)

图 11-13 厚冰和薄冰的制备情况

由于小比例微波除冰车的辐射腔尺寸较小,平面尺寸为 0.6m×0.5m,因此无法实现连续除冰,只能进行定点除冰。小比例微波除冰车接通电源后,启动微波系统产生微波进行除冰,微波与道面作用 50s 后,厚冰和薄冰的除冰效果如图 11-14 所示。

 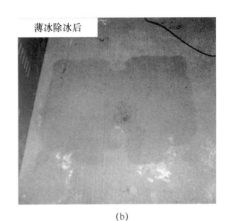

图 11-14　厚冰和薄冰的除冰效果

由图 11-14 可知，微波与道面作用 50s 后，将微波加热区域的厚冰凿开，发现冰层已与道面脱离，并且在道面上还残留一部分水分，而微波加热区域的薄冰已经融化成水分。同时，对比厚冰和薄冰两种冰层的除冰效果，两者的除冰区域比较接近，并且都达到了除冰目的。由此可见，冰层厚度对微波除冰效果的影响较小，与室内试验研究的结果一致。

2. 道面材料

为了研究不同道面材料的微波除冰性能，分别在 PC、MC、CFeC 和 CFC 四块道面板上进行微波除冰现场试验。由于机场气温较低，道面板冰层的制备同样可通过直接在道面上洒水来完成。为了准确测得微波除冰过程中道面板温度的变化，在制备道面冰层时将温度传感器的探头直接粘贴在道面上，四种道面板冰层制备情况如图 11-15 所示。

分析图 11-14 中厚冰和薄冰的微波除冰效果，可以看出，微波经过辐射腔振荡之后再向机场道面辐射，微波加热区域比较均匀，除冰效果比较明显。根据微波除冰技术特点，考虑到微波除冰系统在进行除冰时是处于前进状态的，因此本书采用微波加热区域中心点的温度变化为指标，评价不同道面材料的微波除冰性能。在进行微波除冰现场试验时，将温度传感器的探头置于微波加热区域的中心，将辐射腔端口距离道面的高度设置为 55cm。小比例微波除冰车接通电源后，启动微波系统产生微波进行除冰，同时由温度传感器记录除冰过程中道面板温度的变化，其结果如图 11-16 所示。

由图 11-16 可知，不同混凝土道面材料在微波作用下的升温规律基本相同，在温度达到 0℃ 之前，道面在微波作用下温度逐渐升高；当温度达到 0℃

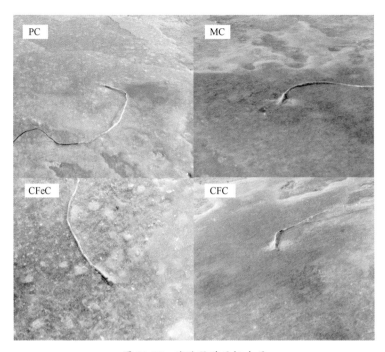

图 11-15 试验段道面板冰层

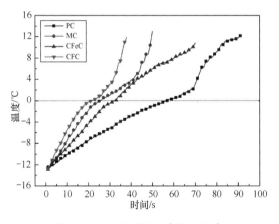

图 11-16 现场试验温度变化规律

之后,冰层开始融化成水分,由于水在微波作用下具有较高的发热效率,使得混凝土表面的升温速率增大;混凝土表面的升温速率在温度为 0℃附近时明显降低,这主要是由于冰融化成水时具有潜热效应,即冰层从道面表面吸收热量但是其温度保持不变。为了研究不同道面材料的微波除冰性能，对道面板温度达到 0℃ 的升温曲线进行拟合，其结果如下：

$$\begin{cases} (\text{PC}): T = 0.229t - 12.287 \\ (\text{MC}): T = 0.542t - 12.975 \\ (\text{CFeC}): T = 0.429t - 13.039 \\ (\text{CFC}): T = 0.657t - 12.604 \end{cases} \quad (11\text{-}1)$$

由式（11-1）可知，在道面温度达到 0℃ 之前，PC、MC、CFeC 和 CFC 四块道面板的升温速率分别为 $0.229℃/s$、$0.542℃/s$、$0.429℃/s$ 和 $0.657℃/s$。由此可见，PC 的微波除冰效率最低，MC、CFeC 和 CFC 的微波除冰效率分别为 PC 的 2.37 倍、1.87 倍和 2.87 倍。

11.2.5 应用分析

根据机场道面除冰的特点，微波除冰技术在实际工程应用中有两点值得深入研究：机场道面铺筑材料和微波除冰系统行进速度。本节根据微波除冰系统的初步设计和现场试验结果，对微波除冰技术在机场冬季道面除冰中的应用技术进行分析。

1. 机场道面铺筑材料

机场道面铺筑材料是机场道面强度和耐久性等性能形成的基础，同时，也是吸收微波产生热量的载体。因此，在微波除冰技术应用中，机场道面铺筑材料对微波除冰性能具有很大的影响。本书主要研究了作为机场道面铺筑材料的三类混凝土：磁铁矿骨料混凝土，粉体吸波剂改性混凝土和碳纤维改性混凝土。这三类混凝土在一定程度上都提升混凝土的微波除冰性能。

磁铁矿骨料混凝土是以磁铁矿碎石等体积置换普通碎石，利用磁铁矿较高的吸波特性提升混凝土的吸波性能。根据磁铁矿骨料混凝土电磁特性和微波除冰性能试验可知，当磁铁矿掺量为 100% 时，其微波除冰效率最高，是普通混凝土的 2.37 倍，同时，磁铁矿还能够提高混凝土的强度特性。由此可见，磁铁矿骨料混凝土作为机场道面铺筑材料具有较好的应用前景。但是，一般情况下，磁铁矿的价格相对较高，将其应用于铺筑机场道面，在一定程度上会提高机场道面的造价，同时磁铁矿在我国分布相对较少，主要集中在东北、华北等地区。因此，在选择磁铁矿骨料混凝土作为机场道面的铺筑材料时，不仅要考虑磁铁矿本身的造价，同时还要综合考虑修建机场时取材的方便。

粉体吸波剂改性混凝土是将粉体吸波剂掺料以一定方式掺入到水泥粉末中，利用粉体吸波剂较高的吸波损耗性能，提升混凝土的吸波性能。根据粉体吸波剂改性混凝土电磁特性和微波除冰性能试验可知，当石墨/铁黑复掺量为2%/4%时，其微波除冰效率最高，是普通混凝土的1.87倍。与磁铁矿骨料混凝土相比，石墨/铁黑复掺改性混凝土的价格相对较低，但是其除冰效率也较低，同时，将石墨/铁黑粉体吸波剂掺入混凝土中后，其强度特性会降低。因此，选择粉体吸波改性混凝土作为机场道面铺筑材料，虽然造价涨幅不大，但是除冰效率和材料强度都不很理想，需要综合进行对比分析。

碳纤维改性混凝土是将碳纤维以一定体积掺量掺入到混凝土中，利用碳纤维良好的导电性提升混凝土的吸波损耗性能。根据碳纤维改性混凝土电磁特性和微波除冰性能试验可知，当碳纤维体积掺量为1‰，在力学性能、微波除冰性能和经济成本等方面的取得综合最优，其微波除冰效率是混凝土的2.87倍。碳纤维改性混凝土的微波除冰性能提升最为明显，但是碳纤维的价格较为昂贵，而且将碳纤维掺入混凝土中，对拌合物的和易性影响较大。因此，在选择碳纤维改性混凝土作为机场道面铺筑材料时，应综合考虑工程造价和施工水平。

总而言之，在应用微波除冰技术进行冬季道面除冰的机场中，其道面铺筑材料的采用首先考虑碳纤维改性混凝土，其次是磁铁矿骨料混凝土，最后是粉体吸波剂改性混凝土。

2. 微波除冰系统行进速度

微波除冰技术在20世纪五六十年代就被提出，但是由于除冰效率较低，一直没有得到广泛推广应用。本书从提升机场道面材料吸波性能着手，同时对微波除冰系统进行优化设计，为微波除冰技术在机场冬季道面除冰中的应用提供理论指导。微波除冰系统行进速度是评价机场道面微波除冰性能的重要指标，根据微波除冰现场试验结果，对微波除冰系统行进速度进行分析。

分析机场道面微波除冰技术特点，微波除冰系统的行进速度为

$$v = 3.6 \times L \times \frac{R}{T_0} \tag{11-2}$$

式中：v 为微波除冰系统行进速度（km/h）；L 为辐射腔长度（m）；T_0 为道面板初始温度（℃）；R 为一定微波作用下机场道面的升温速率（℃/s）。

根据《道路车辆外廓尺寸、轴荷及质量限值》GB1589—2014 中相关规定，全挂汽车长度不超过20m，由于机场道面比较平坦，在除冰作业时无其他交通工具的影响，本书将微波除冰系统的长度设计为20m，辐射腔长度设计为18m。以PC、MC、CFeC和CFC四块道面板为研究对象，根据式（11-2）计算不同初始温度下微波除冰系统的行进速度，其结果见表11-1。

表 11-1　微波除冰系统行进速度　　　　　单位：km/h

道面板类型	道面板初始温度			
	−5℃	−10℃	−15℃	−20℃
PC	2.97	1.48	0.99	0.74
MC	7.02	3.51	2.34	1.76
CFeC	5.56	2.78	1.85	1.39
CFC	8.51	4.26	2.84	2.13

由表 11-1 可知，在相同初始温度下，不同类型道面板微波除冰系统行进速度由大到小的排列顺序为：CFC、MC、CFeC 和 PC，且微波除冰系统的行进速度随着道面板初始温度的降低而降低。因此，在进行机场冬季道面除冰时，微波除冰系统的行进速度应根据道面板类型和道面板初始温度进行调整。

11.3　小结

本章首先对机场道面微波除冰系统进行了初步设计；然后，分析了微波除冰技术在哈尔滨某机场进行的现场试验；最后，根据微波除冰系统的初步设计方案和现场试验结果，对微波除冰技术在机场冬季道面除冰中的应用技术进行了分析，得到以下主要结论。

（1）机场道面微波除冰系统由微波加热系统、碎冰系统、碎冰清扫系统、残留水分吸干系统和车载系统组成，对其关键部件进行一定的初步设计，实现微波加热、破碎冰层和收集碎冰等功能。

（2）以微波加热系统为基础，设计并制作了小比例微波除冰车，由 9 个磁控管组成，输入电压 380V，总功率 18kW，每个磁控管功率 2kW，频率 2.45GHz，辐射腔尺寸 0.6m×0.5m×0.2m，并且辐射腔端口高度可根据需要进行调节。

（3）选择在哈尔滨某机场附近进行现场试验，研究了冰层厚度对微波除冰效果的影响。研究结果表明，冰层厚度对微波除冰效果的影响较小，与室内试验研究的结果一致。

（4）分别以普通混凝土（PC）、磁铁矿骨料混凝土（MC）、复掺石墨/铁黑混凝土（CFeC）和碳纤维改性混凝土（CFC）四类混凝土为铺筑材料，浇筑了微波除冰现场试验段,并进行微波除冰现场试验,研究结果表明,PC 的微波除冰效率最低,MC、CFeC 和 CFC 的微波除冰效率分别为 PC 的 2.37 倍、1.87 倍和 2.87 倍。

(5) 对微波除冰技术的应用技术进行了分析,机场道面铺筑材料首先考虑采用碳纤维改性混凝土,其次是磁铁矿骨料混凝土,最后是粉体吸波剂改性混凝土。微波除冰系统的行进速度应根据道面板类型和道面板初始温度进行调整。

参考文献

[1] Ahmad N A, Tap M M, Syahrom A, et al. The relationship between coefficient of friction (COF) with floor slipperiness and roughness [M]. Singapore: Springer, 2017.

[2] 许跃如. 冬季道路维护对交通安全的影响分析 [D]. 南京: 东南大学, 2015.

[3] Sommerwerk H, Horst P. Analysis of the mechanical behavior of thin ice layers on structures including radial cracking and de-icing [J]. Engineering Fracture Mechanics, 2017, 09(182): 400-424.

[4] Zhou J Z, Han L Q, Liu A H, et al. The research and summary of road deicing methods [J]. Advanced Materials Research, 2014, 955: 1835-1839.

[5] 胡朋, 潘晓东. 不同状态下路面摩擦系数现场试验研究 [J]. 公路, 2011, (2): 20-24.

[6] 黄刚, 刘晓洁, 罗江满. 岳阳市各部门迅速行动清除道路冰雪 [EB/OL]. [2013-01-04]. http://hn.rednet.cn/c/2013/01/04/2867956.htm.

[7] 唐相伟. 道路微波除冰效率研究 [D]. 西安: 长安大学, 2009.

[8] Zhu Z C, Zhang X J, Mou G L, et al. Design and experiment of thermal water and mechanical deicing device [J]. Applied Mechanics & Materials, 2014, 532: 311-315.

[9] Jung K T, Nam J M. Designing a snow-removing tool through ergonomic approach [J]. Journal of the Ergonomics Society of Korea, 2016, 35 (5): 439-447.

[10] Thebault D, Kolanowski G. Method and device for de-icing a vehicle window: U.S. Patent Application 15266387 [P]. 出版者不详, 2016-9-15.

[11] 李乔非, 吴书琴. 推扫一体式散雪除雪机 [J]. 工程机械, 2010, 41 (6): 4-7.

[12] 翁晓星, 彭天文, 刘丽敏, 等. 新型旋转式除雪机研究 [J]. 农业开发与装备, 2014, (10): 61-62.

[13] 郑传彬. 振动除雪铲结构优化设计研究 [D]. 长春: 吉林大学, 2015.

[14] 李天生, 李方, 曾理, 等. 多功能小型扫雪除冰车的研制 [J]. 机械设计与制造, 2011, (8): 129-131.

[15] 吴琴, 曹林涛, 张杰. 不同因素对路表冰层冻粘强度的影响分析 [J]. 交通科技, 2014, (2): 74-76.

[16] Farnam Y, Zhang B, Weiss J. Evaluating the use of supplementary cementitious materials to mitigate damage in cementitious materials exposed to calcium chloride deicing salt [J]. Cement and Concrete Composites, 2017, 81: 77-86.

[17] 吴天容, 曹伯兴. 国外化学融雪除冰剂的开发与进展 [J]. 无机盐工业, 1989 (5): 28-32.

［18］ Ganjyal G, Fang Q, Hanna M A. Freezing points and small-scale deicing tests for salts of levulinic acid made from grain sorghum［J］. Bioresource Technology, 2007, 98（15）: 2814-2818.

［19］ 秦炜, 赵音延. 醋酸钙镁盐的应用及开发［J］. 现代化工, 2000, 20（9）: 61-63.

［20］ 栾国颜, 刘艳杰, 王鹏, 等. 环保型融雪剂的制备及其性能评定实验研究［J］. 化工新型材料, 2011, 39（10）: 143-146.

［21］ 韩永萍, 龚平, 刘红梅, 等. 环保型生化黄腐酸复合融雪剂的研究［J］. 现代化工, 2016（9）: 80-83.

［22］ 傅广文. 融雪剂对沥青及沥青混合料性能影响研究［D］. 长沙: 长沙理工大学, 2010.

［23］ 易卉. 碳酰胺复合低氯高效融雪剂制备与性能评价［D］. 西安: 长安大学, 2015.

［24］ Yu W B, Yi X, Guo M, et al. State of the art and practice of pavement anti-icing and de-icing techniques［J］. Sciences in Cold and Arid Regions, 2014, 6（1）: 14-21.

［25］ Xie T, Dong J, Chen H, et al. Experimental investigation of deicing characteristics using hot air as heat source［J］. Applied Thermal Engineering, 2016, 107: 681-688.

［26］ 张小燕. 道路太阳能利用系统的试验应用研究［D］. 天津: 天津大学, 2014.

［27］ 王庆艳. 太阳能-土壤蓄热融雪系统路基得热和融雪机理研究［D］. 大连: 大连理工大学, 2007.

［28］ 王选仓, 樊振阳. 橡胶颗粒自应力除冰雪沥青路面施工工艺研究［J］. 内蒙古公路与运输, 2015, （1）: 25-29.

［29］ 张晓亮. 橡胶颗粒沥青路面抑冰雪技术研究［D］. 西安: 长安大学, 2014.

［30］ 谢洪斌. 橡胶沥青在复合式路面中的应用技术研究［D］. 重庆: 重庆交通大学, 2008.

［31］ Ding H, Tetteh N, Hesp S A M. Preliminary experience with improved asphalt cement specifications in the City of Kingston, Ontario, Canada［J］. Construction and Building Materials, 2017, 157: 467-475.

［32］ 刘西雷. 自应力弹性沥青混凝土除冰技术研究［D］. 重庆: 重庆交通大学, 2011.

［33］ 姚长江. 涡喷除冰车数值分析［D］. 长春: 吉林大学, 2012.

［34］ Liu X D, Dian-Qing L U, Fan Z. Microwave absorbing properties of（La_(0.5)Na_(0.5)）_xBa_(1-x)Fe_(12)O_(19) nanosized ferrite powders［J］. Journal of Magnetic Materials & Devices, 2007, 38(1): 40-42.

［35］ Lu S, Xu J, Bai E, et al. Investigating microwave deicing efficiency in concrete pavement［J］. RSC Advances, 2017, 7（15）: 9152-9159.

［36］ 张兆镗. 磁控管的历史、现状与未来发展——兼论微波功率应用的前景［J］. 真空电子技术, 2016, （2）: 38-41.

［37］ 陈方园, 陈星. 一种新型微波加热腔体多物理场耦合分析［J］. 四川大学学报（自然

科学版),2016,5:1053-1056.

[38] Law M C, Liew E L, Chang S L, et al. Modelling microwave heating of discrete samples of oil palm kernels [J]. Applied Thermal Engineering, 2016, 98:702-726.

[39] Hopstock D M, Zanko L M. Minnesota taconite as a microwave-absorbing road aggregate material for deicing and pothole patching applications [R]. Minnesota, USA:Minnesota Department of Transportation Research Services Section, 2004.

[40] Zhang J, Yan Y, Hu Z, et al. Utilization of low-grade pyrite cinder for synthesis of microwave heating ceramics and their microwave deicing performance in dense-graded asphalt mixtures [J]. Journal of Cleaner Production, 2018, 170:486-495.

[41] 翁梅泽,王火明,冯勇. 沥青路面养护技术现状及发展 [J]. 中国水运(学术版),2007,2:20-25.

[42] 李高伟,唐仰贵,张文波,等. 微波加热技术在沥青路面综合养护车中的应用 [J]. 建筑机械,2008,(4):96-97.

[43] 关明慧,徐宇工,卢太金,等. 微波加热技术在清除道路积冰中的应用 [J]. 北方交通大学学报,2003,27(4):79-83.

[44] Zhang X, Sun W. Microwave absorbing properties of double-layer cementitious composites containing Mn-Zn ferrite [J]. Cement & Concrete Composites, 2010, 32 (9):726-730.

[45] Gan Y X, Yi P, Chen C Q. Effect of sintering temperature on microwave absorbing behaviour of Mn-Zn ferrite [J]. Journal of Materials Science & Technology, 1993, 9 (5):379-381.

[46] 江家京,王春芳,孟海乐,等. 吸波建筑材料的研究及应用进展 [J]. 图书情报导刊,2005,15(1):132-133.

[47] 刘成国,钟淼,黎杨,等. 新型实用微波吸收水泥基复合墙体材料的研究 [J]. 新型建筑材料,2009,36(2):40-42.

[48] 田焜,丁庆军,胡曙光. 新型水泥基吸波材料的研究 [J]. 建筑材料学报,2010,13(3):295-299.

[49] 管洪涛. 石英和水泥基体平板吸波材料研究 [D]. 大连:大连理工大学,2006.

[50] 张雄,刁志臻. 建筑吸波材料及其开发利用前景 [J]. 建筑材料学报. 2003,6(1):72-75.

[51] 李宝毅. 水泥基平板吸波材料的制备与性能研究 [D]. 大连:大连理工大学,2011.

[52] 国爱丽. 高强水泥基复合材料雷达波吸收性能研究 [D]. 哈尔滨:哈尔滨工业大学,2010.

[53] 吴琴,曹林涛,张杰. 不同因素对路表冰层冻粘强度的影响分析 [J]. 交通科技,2014,(2):74-76.

[54] 丁金波. 结冰表面冻粘特性的试验研究 [D]. 上海:上海交通大学,2012.

[55] Spohn T, Knollenberg J, Ball A J, et al. Thermal and mechanical properties of the near-sur-

face layers of comet 67P/Churyumov-Gerasimenko [J]. Science, 2015, 349 (6247): aab0464.

[56] Matsumoto K, Daikoku Y. Fundamental study on adhesion of ice to solid surface: Discussion on coupling of nano-scale field with macro-scale field [J]. International Journal of Refrigeration, 2009, 32: 444-453.

[57] 闻映红. 电磁波传播理论 [M]. 北京: 机械工业出版社, 2013.

[58] 开金星. 基于矩形波导传输/反射法测量 K 和 Ka 波段微波材料电磁参数的研究 [D]. 南京: 南京邮电大学, 2013.

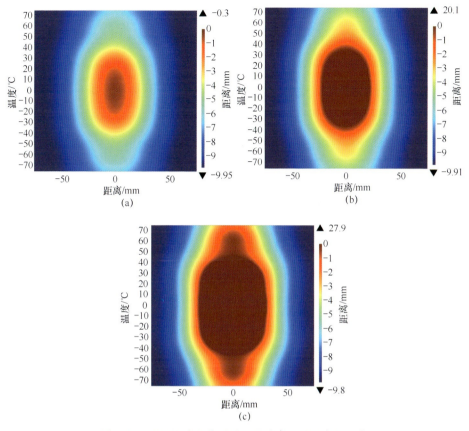

图 6-16 不同微波加热时间下试件表面的温度场分布

(a) 26s;(b) 38s;(c) 55s。

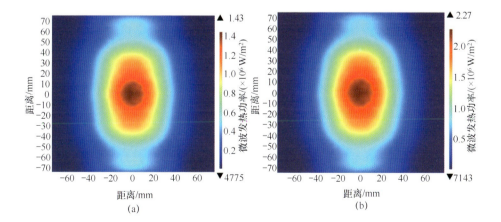

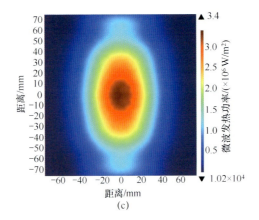

图 8-1　MC 系列混凝土表面微波发热功率
（a）MC-1；（b）MC-2；（c）MC-3。

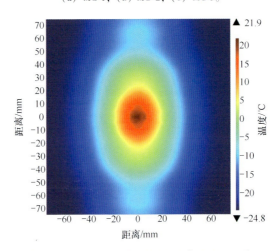

图 8-5　微波加热 33s 时混凝土表面温度分布

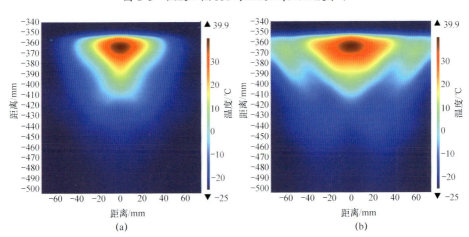

图 8-7　微波加热 33s 时冰层和混凝土内部温度场分布
（a）XOZ 平面；（b）YOZ 平面。

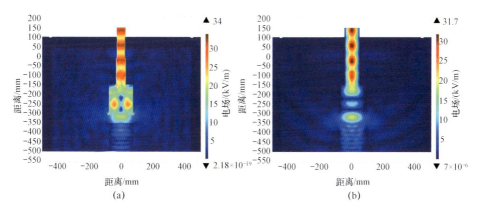

图 10-1　电场二维分布图
（a）XOZ 平面；（b）YOZ 平面。

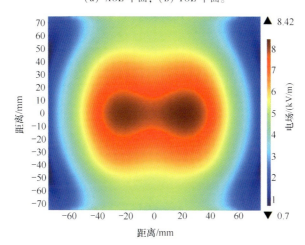

图 10-3　电场在混凝土表面的二维分布图

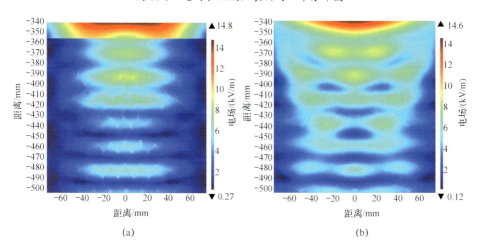

图 10-5　电场在混凝土内部的二维分布图
（a）XOZ 平面；（b）YOZ 平面。

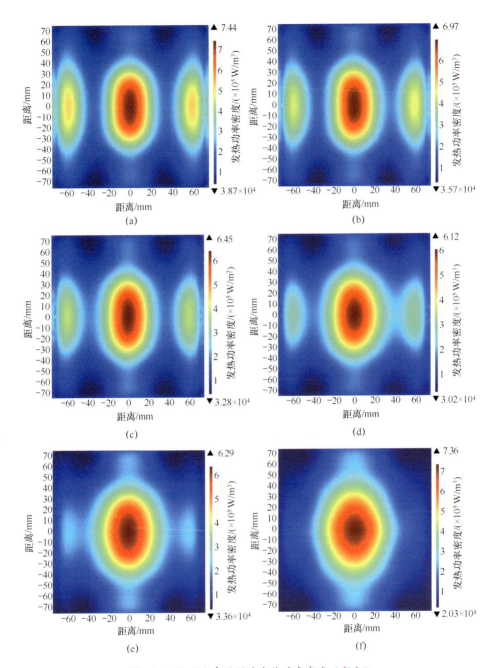

图 10-7 混凝土表面微波发热功率密度（部分）

(a) 20mm；(b) 25mm；(c) 30mm；(d) 35mm；(e) 40mm；(f) 45mm。